図形文字符号表（JIS X0208の一部）

第1バイト								点																																									
第2バイト								b8	0	0	0	0	0	0	0	0	0	0	0	0	0	0	0	0	0	0	0	0	0	0	0	0	0	0	0	0	0	0	0	0	0	0	0	0	0	0	0	0	0
								b7	0	0	0	0	0	0	0	0	0	0	0	0	0	0	0	0	0	0	0	0	0	0	0	0	0	0	0	0	0	0	0	1	1	1	1	1	1	1	1	1	1
								b6	1	1	1	1	1	1	1	1	1	1	1	1	1	1	1	1	1	1	1	1	1	1	1	1	1	1	1	1	1	1	1	0	0	0	0	0	0	0	0	0	0
								b5	0	0	0	0	0	0	0	0	0	0	0	0	0	0	0	1	1	1	1	1	1	1	1	1	1	1	1	1	1	1	1	0	0	0	0	0	0	0	0	0	0
								b4	0	0	0	0	0	0	0	1	1	1	1	1	1	1	1	0	0	0	0	0	0	0	0	1	1	1	1	1	1	1	1	0	0	0	0	0	0	0	0	1	1
								b3	0	0	0	1	1	1	1	0	0	0	0	1	1	1	1	0	0	0	0	1	1	1	1	0	0	0	0	1	1	1	1	0	0	0	0	1	1	1	1	0	0
								b2	0	1	1	0	0	1	1	0	0	1	1	0	0	1	1	0	0	1	1	0	0	1	1	0	0	1	1	0	0	1	1	0	0	1	1	0	0	1	1	0	0
								b1	1	0	1	0	1	0	1	0	1	0	1	0	1	0	1	0	1	0	1	0	1	0	1	0	1	0	1	0	1	0	1	0	1	0	1	0	1	0	1	0	1
b8	b7	b6	b5	b4	b3	b2	b1	区	1	2	3	4	5	6	7	8	9	10	11	12	13	14	15	16	17	18	19	20	21	22	23	24	25	26	27	28	29	30	31	32	33	34	35	36	37	38	39	40	41
0	0	1	0	0	0	0	1	1	(SP)	、	。	，	．	・	：	；	？	！	゛	゜	´	｀	¨	＾	￣	＿	ヽ	ヾ	ゝ	ゞ	〃	仝	々	〆	〇	ー	―	‐	／	＼	～	∥	｜	…	‥	‘	’	“	”
0	0	1	0	0	0	1	0	2	◆	□	■	△	▲	▽	▼	※	〒	→	←	↑	↓	〓												∈	∋	⊆	⊇	⊂	⊃	∪	∩								
0	0	1	0	0	0	1	1	3																0	1	2	3	4	5	6	7	8	9								A	B	C	D	E	F	G	H	I
0	0	1	0	0	1	0	0	4	ぁ	あ	ぃ	い	ぅ	う	ぇ	え	ぉ	お	か	が	き	ぎ	く	ぐ	け	げ	こ	ご	さ	ざ	し	じ	す	ず	せ	ぜ	そ	ぞ	た	だ	ち	ぢ	っ	つ	づ	て	で	と	ど
0	0	1	0	0	1	0	1	5	ァ	ア	ィ	イ	ゥ	ウ	ェ	エ	ォ	オ	カ	ガ	キ	ギ	ク	グ	ケ	ゲ	コ	ゴ	サ	ザ	シ	ジ	ス	ズ	セ	ゼ	ソ	ゾ	タ	ダ	チ	ヂ	ッ	ツ	ヅ	テ	デ	ト	ド
0	0	1	0	0	1	1	0	6	Α	Β	Γ	Δ	Ε	Ζ	Η	Θ	Ι	Κ	Λ	Μ	Ν	Ξ	Ο	Π	Ρ	Σ	Τ	Υ	Φ	Χ	Ψ	Ω									α	β	γ	δ	ε	ζ	η	θ	ι
0	0	1	0	0	1	1	1	7	А	Б	В	Г	Д	Е	Ё	Ж	З	И	Й	К	Л	М	Н	О	П	Р	С	Т	У	Ф	Х	Ц	Ч	Ш	Щ	Ъ	Ы	Ь	Э	Ю	Я								
0	0	1	0	1	0	0	0	8	─	│	┌	┐	┘	└	├	┬	┤	┴	┼	━	┃	┏	┓	┛	┗	┣	┳	┫	┻	╋	┠	┯	┨	┷	┿	┝	┰	┥	┸	╂									
0	0	1	0	1	0	0	1	9																																									
0	0	1	0	1	0	1	0	10																																									
0	0	1	0	1	0	1	1	11																																									
0	0	1	0	1	1	0	0	12																																									
0	0	1	0	1	1	0	1	13																																									
0	0	1	0	1	1	1	0	14																																									
0	0	1	0	1	1	1	1	15																																									
0	0	1	1	0	0	0	0	16	亜	唖	娃	阿	哀	愛	挨	姶	逢	葵	茜	穐	悪	握	渥	旭	葦	芦	鯵	梓	圧	斡	扱	宛	姐	虻	飴	絢	綾	鮎	或	粟	袷	安	庵	按	暗	案	闇	鞍	杏
0	0	1	1	0	0	0	1	17	院	陰	隠	韻	吋	右	宇	烏	羽	迂	雨	卯	鵜	窺	丑	碓	臼	渦	嘘	唄	欝	蔚	鰻	姥	厩	浦	瓜	閏	噂	云	運	雲	荏	餌	叡	営	嬰	影	映	曳	栄
0	0	1	1	0	0	1	0	18	押	旺	横	欧	殴	王	翁	襖	鴬	鴎	黄	岡	沖	荻	億	屋	憶	臆	桶	牡	乙	俺	卸	恩	温	穏	音	下	化	仮	何	伽	価	佳	加	可	嘉	夏	嫁	家	寡
0	0	1	1	0	0	1	1	19	魁	晦	械	海	灰	界	皆	絵	芥	蟹	開	階	貝	凱	劾	外	咳	害	崖	慨	概	涯	碍	蓋	街	該	鎧	骸	浬	馨	蛙	垣	柿	蛎	鈎	劃	嚇	各	廓	拡	撹
0	0	1	1	0	1	0	0	20	粥	刈	苅	瓦	乾	侃	冠	寒	刊	勘	勧	巻	喚	堪	姦	完	官	寛	干	幹	患	感	慣	憾	換	敢	柑	桓	棺	款	歓	汗	漢	澗	潅	環	甘	監	看	竿	管
0	0	1	1	0	1	0	1	21	機	帰	毅	気	汽	畿	祈	季	稀	紀	徽	規	記	貴	起	軌	輝	飢	騎	鬼	亀	偽	儀	妓	宜	戯	技	擬	欺	犠	疑	祇	義	蟻	誼	議	掬	菊	鞠	吉	吃
0	0	1	1	0	1	1	0	22	供	侠	僑	兇	競	共	凶	協	匡	卿	叫	喬	境	峡	強	彊	怯	恐	恭	挟	教	橋	況	狂	狭	矯	胸	脅	興	蕎	郷	鏡	響	饗	驚	仰	凝	尭	暁	業	局
0	0	1	1	0	1	1	1	23	掘	窟	沓	靴	轡	窪	熊	隈	粂	栗	繰	桑	鍬	勲	君	薫	訓	群	軍	郡	卦	袈	祁	係	[illegible]	[illegible]	[illegible]	[illegible]	[illegible]	[illegible]	[illegible]	[illegible]	[illegible]	[illegible]	[illegible]	慶	慧	憩	掲	携	敬
0	0	1	1	1	0	0	0	24	検	権	牽	犬	献	研	硯	絹	県	肩	見	謙	賢	軒	遣	[illegible]	[illegible]	[illegible]	[illegible]	[illegible]	[illegible]	[illegible]	[illegible]	[illegible]	[illegible]	[illegible]	[illegible]	[illegible]	[illegible]	[illegible]	[illegible]	[illegible]	[illegible]	[illegible]	[illegible]	個	古	呼	固	姑	孤
0	0	1	1	1	0	0	1	25	后	喉	坑	垢	好	孔	孝	宏	工	巧	巷	幸	広	庚	康	[illegible]	[illegible]	[illegible]	[illegible]	[illegible]	[illegible]	[illegible]	[illegible]	[illegible]	[illegible]	[illegible]	[illegible]	[illegible]	[illegible]	[illegible]	[illegible]	[illegible]	[illegible]	[illegible]	[illegible]	皇	硬	稿	糠	紅	紘
0	0	1	1	1	0	1	0	26	此	頃	今	困	坤	墾	婚	恨	懇	昏	昆	根	梱	混	痕	[illegible]	[illegible]	[illegible]	[illegible]	[illegible]	[illegible]	[illegible]	[illegible]	[illegible]	[illegible]	[illegible]	[illegible]	[illegible]	[illegible]	[illegible]	[illegible]	[illegible]	[illegible]	[illegible]	[illegible]	債	催	再	最	哉	塞
0	0	1	1	1	0	1	1	27	察	拶	撮	擦	札	殺	薩	雑	皐	鯖	捌	錆	鮫	皿	晒	三	[illegible]	[illegible]	[illegible]	[illegible]	[illegible]	[illegible]	[illegible]	[illegible]	[illegible]	[illegible]	[illegible]	[illegible]	[illegible]	[illegible]	[illegible]	[illegible]	[illegible]	[illegible]	[illegible]	残	仕	仔	伺	使	刺
0	0	1	1	1	1	0	0	28	次	滋	治	爾	璽	痔	磁	示	而	耳	自	蒔	辞	汐	鹿	式	[illegible]	[illegible]	[illegible]	[illegible]	[illegible]	[illegible]	[illegible]	[illegible]	[illegible]	[illegible]	[illegible]	[illegible]	[illegible]	[illegible]	[illegible]	[illegible]	[illegible]	[illegible]	[illegible]	篠	偲	柴	芝	屡	蕊
0	0	1	1	1	1	0	1	29	宗	就	州	修	愁	拾	洲	秀	秋	終	繍	習	臭	舟	蒐	衆	[illegible]	[illegible]	[illegible]	[illegible]	[illegible]	[illegible]	[illegible]	[illegible]	[illegible]	[illegible]	[illegible]	[illegible]	[illegible]	[illegible]	[illegible]	[illegible]	[illegible]	[illegible]	[illegible]	縦	重	銃	叔	夙	宿
0	0	1	1	1	1	1	0	30	勝	匠	升	召	哨	商	唱	嘗	奨	妾	娼	宵	将	小	少	尚	[illegible]	[illegible]	[illegible]	[illegible]	[illegible]	[illegible]	[illegible]	[illegible]	[illegible]	[illegible]	[illegible]	[illegible]	[illegible]	[illegible]	梢	樟	樵	沼	消	渉	湘	焼	焦	照	症
0	0	1	1	1	1	1	1	31	拭	植	殖	燭	織	職	色	触	食	蝕	辱	尻	伸	信	侵	唇	娠	寝	審	心	慎	振	新	晋	森	榛	浸	深	申	疹	真	神	秦	紳	臣	芯	薪	親	診	身	辛
0	1	0	0	0	0	0	0	32	澄	摺	寸	世	瀬	畝	是	凄	制	勢	姓	征	性	成	政	整	星	晴	棲	栖	正	清	牲	生	盛	精	聖	声	製	西	誠	誓	請	逝	醒	青	静	斉	税	脆	隻
0	1	0	0	0	0	0	1	33	繊	羨	腺	舛	船	薦	詮	賎	践	選	遷	銭	銑	閃	鮮	前	善	漸	然	全	禅	繕	膳	糎	噌	塑	岨	措	曾	曽	楚	狙	疏	疎	礎	祖	租	粗	素	組	蘇
0	1	0	0	0	0	1	0	34	臓	蔵	贈	造	促	側	則	即	息	捉	束	測	足	速	俗	属	賊	族	続	卒	袖	其	揃	存	孫	尊	損	村	遜	他	多	太	汰	詑	唾	堕	妥	惰	打	柁	舵

（略）

（略）

（注） 1バイトでは256文字しか表せないため，漢字を表すには2バイトを使います。JISの漢字コード（JIS X0208）は2バイトのそれぞれ下位7ビットだけを使っていますので，最上位ビットは常に0です。JIS第一水準漢字，第二水準漢字を中心に約7000字が収められています。

（JIS X0201：1997，X0211：1994，X0208：2012　日本規格協会発行の資料より作成）

改訂新版

インターネット講座

―ネットワークリテラシーを身につける―

有賀妙子・吉田智子・大谷俊郎 著

北大路書房

はじめに

「インターネット講座」の初版は1999年に出版されました。その冒頭で，次のように問いかけています。

「インターネットなんか知ってるよ。今さら，勉強することなんてない」と思っている人は，その程度の差こそあれ，多いのではないでしょうか。

それから15年が経ち，インターネットはさらに普及し，各種携帯デバイスや新しいサービスが生まれています。その結果，インターネットの利用範囲は広がり，社会のさまざまな場面に一層深く浸透しました。今の小学生から大学生は，物心ついた時には，新聞やテレビ放送と同様に電子メールやWebコンテンツというインターネット上のメディアが身の回りにあった人たちです。彼らは，その親世代が「パソコン＋ブラウザ」でインターネットを利用していたのに対し，「スマホ＋アプリ」からインターネットを利用することが多くなっています。ひとり一台の手軽なデバイスが，インターネット上メディアを使い慣れさせ，彼らは基礎知識や技法を学ぶより前に，それらを利用しているわけです。そのような状況のなか，本書が目的とするネットワークリテラシーを習得する重要性は，ますます高まっているといえます。

インターネットにおいて，電子メールとWebページはコミュニケーションの中核です。この本では，その技術と作法を具体的に説明しています。従来からのコミュニケーション手段には，会話，電話，ファクシミリ，手紙などがありますが，これらによるコミュニケーションや情報交換のやり方，作法，ノウハウなどは，子どものころから家庭や学校であるいは仕事を通じて，教えられ，身につけてきました。そこには長い実績が存在します。同様に，インターネットによるコミュニケーションにおいても，学ぶべき知識や技法があります。それらはきちんと教えられているでしょうか。相手が求める情報を的確な形で伝えるという観点からみると，メディアが異なっても多くの共通点があります。その一方で，インターネットは旧メディアにはない特徴があるがゆえに，別の知識や技法や姿勢が求められます。それを私たちは「ネットワークリテラシー」と呼びました。

本書は，子どものころからインターネットが身近な人も，そうでなかった人も，インターネットをコミュニケーション手段として使う場合に，基礎として知っておくとよいことを説明しています。ネットワークリテラシーを学ばないでいると，コミュニケーションにおいて残念なことや，恥ずかしいことや，恐ろしいことが起こりえます。勉強，研究，仕事に使う「パソコン＋ブラウザ」の環境でネットワークリテラシーを学ぶことは，マイナスなできごとの発生を防ぐためにも，かつインターネット上の情報を十分に活用するためにも，特に大切です。

新しいデバイスやWebコンテンツなどの登場に伴い，ネットワークリテラシーを支える知識や技術も変化します。「インターネット講座」はその発行から5年後に「新・インターネット講座」として改訂を行いましたが，このたび，さらに変化に対応するため，「改訂新版 インターネット講座」を発行することとなりました。新しい本でも，ネットワークリテラシーの学習に関する中核部分はそのままに，インターネットをめぐる新しい状況，技術に合わせて関係する内容を書き換えました。制作編ではHTML5の基本仕様に基づき記述を変更し，一部の新しいタグの説明を加えました。また，高度な機能をもつソフトウェア部品が簡単に使えるようになった状況を考え，応用編ではJavaScriptに関係する説明を増やし，プログラミングの理解が深められるように配慮しました。

この本は，インターネットを使うためのハードウェアやソフトウェアの設定方法や，操作方法の解説書ではありません。道具は身近にありますし，操作を覚えるのもそうむずかしくありません。より重要なのは，それを活用する技術や作法，知識を身につけることです。それを知ることは，インターネットが社会の重要なコミュニケーション手段となっている時代に生きるあなたの使命でもあります。そして，インターネットをおおいに勉強，研究，仕事に役立ててください。インターネット上のコンテンツは社会をも変える力をもちます。インターネットを活用することで，あなたのパワーも今よりも，もっともっと大きくなることでしょう。

改訂新版の発行にあたり，協力いただいた方々，編集に多大の努力をしてくださった北大路書房の奥野浩之氏に感謝いたします。最後に，『改訂新版 インターネット講座』の発行を喜んでくれている著者の配偶者たちにも，この場を借りてお礼を言いたいと思います。

2014年2月

有賀妙子
吉田智子
大谷俊郎

目次

応用編

序章 ネットワークリテラシー（本書の概要）

本書は，「ネットワークリテラシー」を学ぶための教本として書かれたものです。ただ操作を知るのではなく，まずはその本質を学んでおけば，使うコンピュータの機種やアプリケーションの種類が変わっても，自らの力で使っていけると考える著者が，「これだけは知っていてほしい」と判断する内容を盛りこんでいます。

この章では，「ネットワークリテラシー」とは具体的にどのような力なのか，さらに，本書で扱う内容とそれを学ぶ姿勢や方法について説明していきます。コンピュータやインターネットを使うことが，電話を使うことと同じぐらい一般化した時代に，私たちは，社会人として，あるいは，親や教師として，どのような力を身につければよいのでしょうか。

0.1 パソコンやインターネットの急速な浸透——その表と裏

近年，コンピュータの高機能化と小型化が進み，価格もずいぶんと安くなったため，会社や家庭で気軽にパソコンを利用できるようになりました。特にここ数年は，インターネットに代表される電子ネットワークの発達がめざましく，コンピュータを道具として使うことで気軽に情報を入手したり交換したり，そして，広く発信することもできるようになりました。インターネットは，情報収集・交換の手段，また調査研究結果の伝達手段としてのメディアの形態に大きな変革をもたらしています。

ただ，この道具を効果的に使うためには，それなりの基礎技能が必要となります。インターネットが利用できるパソコン環境は，使える人にとっては貴重な道具となりますが，使えない人にとっては価値のないものになってしまうのです（図 0.1）。使うことによって情報の入手が容易になるということは，裏をかえせば，使わなければ「情報弱者」となりうるということです。このように，パソコンやインターネットの急速な浸透による大きな可能性の裏には，「学ぶこと」の必要性が見え隠れしているのです。

図 0.1　インターネットには大きな可能性があるが……

0.2 体験だけではダメ!?

パソコンを使いこなす能力のことは，一般的に「コンピュータリテラシー(literacy；読み書き能力)」と呼ばれています。そして，ネットワークを使いこなす力は「ネットワークリテラシー」と呼ばれます。これらは“学習”によって身につけるのが好都合です。

「インターネットを使って必要な情報を得ることができた」あるいは「コミュニケーションできた」というのは“体験”です。それはそれで感動的で必要なことに違いないのですが，“体験”をいくつ並べても，ネットワークリテラシーを身につけたことにはなりません。極端な言い方をすれば，インターネットで Web ページを見ることや電子メールを交換するという操作自体を学ぶことは，“学習”ではありません。基本的に“クリック（マウスのボタンを押す)”すればいいのですから，コンピュータでゲームをしているのと，それほど変わらないからです。

0.3 ネットワークリテラシーを学ぶ目的

ここでまず，ネットワークリテラシーを学ぶ目的を考えてみます。それは，最終的には，「批判的な視点をもって他人や自分のネットワーク上での行動を評価し，それに基づいて，自分自身が何をすべきかがわかるようになる」ことです。

たとえば，問題を解く効果的な手段として，インターネットを選ぶことができ，効果的に活用できる能力もその一つです。そして，何でもかんでもインターネットが便利なのではなく，不得意な面があることも十分に理解し，便利な場面においては十分に使える能力，さらには，質にばらつきのある多くの情報をうまくふるいにかけながら利用できる能力を身につけておくことが必要なのです。

つまり，「ネットワークリテラシー」ということばは，単にネットワークを使う能力という意味でとらえるよりも，「ネットワークを介した問題解決力」というふうに考えるとわかりやすいでしょう。

このインターネットを活用する力は効果的に学習することによって一定のレベルが習得できるもので，通常は，ただ単にコンピュータを長時間使っていれば身につくものではありません。これは，「絵を描いている時間がいくら長くても，何も教えられずにただ単に描いているだけで上達するものでもない」というのに似ています。天才は例外として，普通の人は効果的に学習する必要があります。たとえば，遠近法について学んだり，影の効果的なつけ方を学べば，絵の上達も早いのと同じです。

それなら，それを身につけるためによい先生について学べばよいと考えるのが自然なのですが，それがそう簡単なことではないのです。なぜなら，たとえば「自動車教習所での指導方法」がすでに研究されてカリキュラムが確立しているのに比較して，インターネットを利用する力をつけるための指導方法は，まだ確立しているとはいえないからです。しかも，パソコンやインターネットの急速な浸透によって，急に教育が必要となった新しい分野であるため，自信をもって教えられる先生の数も多くありません。社会人が学ぼうとする場合も結局，独学のための書籍や雑誌に頼らざるを得ないわけです。

0.4 ネットワークリテラシー学習の内容

さて，ネットワークリテラシー学習の内容を具体的に考えてみると，次のようになります。

①インターネットの機能としくみを理解する。
②情報交換手段としての電子メールの特性を知り，適切に活用できる。
③情報収集手段としてのインターネットを適切に活用できる。
④その情報を批判的に評価し，情報をふるいにかけられる。
⑤インターネットを情報提供手段としてとらえ，情報を発信できる。

表0.1に，それぞれの内容を示します。この表には，合わせて獲得する操作スキルも記載していますが，このスキルは付随的なものです。

表0.1　ネットワークリテラシー概要

項　目	主な内容	操作スキル
インターネットのしくみと機能	インターネットのしくみ 情報交換手段の比較	—
電子メールでのコミュニケーション	電子メールのやりとりの特性 電子メールの作法，文書技法	メーラーの利用
Webページを利用した情報収集	Webページの検索 情報提供手段としてのWebの特性の理解（他の手段との比較）	ブラウザ，検索エンジンの利用
Webページの批判的閲覧	Webページの評価 （批判的に読むための訓練）	ブラウザの利用
Webページの制作	Webページの企画・設計・制作 （対象読者に応じた内容を検討）	HTMLの記述など

なお，Microsoft Edge（マイクロソフト エッジ），Google Chrome（グーグル クローム）などに代表される，各種のブラウザ（Webブラウザ；World Wide Web（ワールド ワイド ウェブ）の閲覧ソフトウェア）によって表示されるページは，「Webページ」「Webサイト」「WWWページ」「ホームページ」と呼ばれます。「ホームページ」というのは，本来は，これらのページの玄関（本でいう表紙や目次）にあたるページだけを意味する用語なのですが，「Webページ」などと同等の意味で使う人もいます。このように，「ホームページ」の解釈は人によってさまざまなので，この本では「ホームページ」という名称は使わず，一貫して「Webページ」と呼ぶことにします。

それでは，それぞれの学習内容について，より詳しく考えてみましょう。

(1) インターネットの機能としくみの理解

インターネットの特性を理解するうえで必要なインターネットのしくみを学びます。加えて，電子メール，Webページをはじめ，インターネットでできること全体を理解します（→ 1章，8章〜10章）。その結果，郵便，電話など従来の情報交換手段と，インターネットが提供する手段を比較して考えることができるようになります。

(2) 電子メールでのコミュニケーション

電子メールでのやりとりの作法，むずかしさや便利さを学ぶ部分です（→ 2章）。電子メールによるコミュニケーションには，文書と会話の両面性があります。メールの作法，メールで使う記号，やりとりの文脈のなかでの適切な伝達という3つの要素を取り上げます。演習を通して，コミュニケーション手段としての電子メールの特性と，適切に活用するための知恵を理解します。

(3) Webページを利用した情報収集

Webページの検索方法を知り，他の情報源との違いを理解します（→ 3章）。まず，全文検索型のサーチエンジンのしくみを理解し，検索対象ごとに使い分けることを学びます。目的の情報を捜し出すための演習を通して，どのような種類の情報がWebから得られる可能性があるのかを発見し，情報を得る道具としてのWebページの使える範囲や特長を理解します。

(4) Webページの批判的閲覧

膨大なWebページ情報のなかで，ページを評価する力をもつことは，情報収集能力を高め，さらにその内容理解にもWebページの作成にも欠かせないことです。そこで，Webページの評価基準（チェックリスト）とともに，

Webページを利用するための批判的な視点を学びます（→ 4章）。

(5) Webページの制作（企画・設計・制作・評価）

これは，実際に情報を公開する立場に立つ演習です。作るための知識（HTMLタグ）を学習するだけにとどまらず，「読者に情報を提供するためにドキュメント（文書）を書く」ことに主眼を置き，読者に合わせたレベル，文調，プレゼンテーション手段の選択に注意を払います。そして，自分の制作したページは，評価基準（チェックリスト）で自己点検します（→ 5章〜7章）。

さらに，必要に応じて，JavaScriptやCGIを利用したWebページを制作する場合の基礎も学びます（→ 11章〜12章）。

0.5 独学でもできるカリキュラムと教材を提供

先に,「ネットワークリテラシーを身につけるための方法は，まだ確立していない」と書きました。著者らはこれに1996年という早い時期から問題意識をもち，この数年間にわたって，これを効果的に学ぶためのカリキュラムを考え続けてきた成果がこの本なのです。

ここ数年の間に多くの大学では，インターネットの発展に伴い，学部横断的な科目として，ネットワークを理解，活用する力の育成を内容とする授業の実施を開始しました。また，高等学校において新しい教科「情報」が設定されており，そのなかに情報の探索と発信が含まれています。

しかし，これらのインターネット教育は，情報リテラシー教育に含まれる形で，しかも操作方法と「情報を得た，コミュニケーションできた」という“体験”に終始する内容で実施されていることが今なお多いのが現実です。そのために，対応するテキストもインターネットを道具としていかに使うかのレベルにとどまっています。すでに述べたように，操作方法と体験だけなら学校での教育はいらないのです。その反省をふまえ，教育として「ネットワークリテラシー学習」をとらえ，そのためのカリキュラムと教材を提供しているのが本書なのです。

そのようなことからも，本書は，主に以下の3種類の読者の利用を想定しています。

①教師がネットワークリテラシー教育の指導要項として利用

②ネットワークリテラシーを取得したい社会人や学生の独学用

③学生（大学生，専門学校生，高校生）の授業のテキストとして

特に，②の「社会人や学生の独学用」として広く利用されることを願っています。

ネットワークを活用しなければならない社会人や社会人予備軍の学生の多くが，きちんと学校で教わることなく社会に出ています。企業のなかには，必要にせまられて，新人研修のカリキュラムに含むところも出てきていますが，まだまだ少数派です。結局は，必要にせまられた本人が独学しなければいけない現状が続いているのです。

すでに，「コンピュータやインターネットが使えること」が特技といえた時代は終わり，「使えないこと」で不便だったり，就職活動などにおいて不利になる時代になっています。そして，客先との電話での応対，ビジネスレターや企画書の書き方と同様に，社会人として身につけるべき能力となりました。これは，小・中・高の学校の先生の立場でも同じで，「得意な先生に任せておけばよい」という時代ではないのです。

しかも，きちんと学校で教わってから社会に出てくる学生の割合が増えれば増えるほど，「私は習わなかった」ではすまされないのです。実習しながら効果的に学習すれば，短期間で身につくはずです。独学される方は，本書の各章に用意した練習問題を，特にていねいに解いてみてください。解答例や解くポイントは，本書のサポートページ*1の中で説明しています。

＊1：本書で提供している各種チェックリストをはじめとする教材も，http://www.notredame.ac.jp/hc/internet/ で公開しています。

本書のサポートページ
（http://www.notredame.ac.jp/hc/internet/）

COLUMN - 0

ネットを使いこむ時期は 遅いほうがネットをより活用できる 大人になれる？！

幼いころから，あたりまえのようにネットやパソコンに接する子どもが増え続けています。物心がついたころからネットに接続したパソコンが家庭にあり，親が日常的に携帯メールを使っているなかで育った子どもたちが，中高生，大学生になっています。当然，そのような子どもたちのネットやメールへの依存度は，数年前の学生に比べて非常に高くなっています。

ご存知のように，インターネット環境は利用方法によっては犯罪を引き起こしたり，凶器になったりします。その一方で，ネットを利用したコラボレーション（協働）やエンパワーメント（能力や権限の拡大）に大いに利用されているのも事実です。要は，どう活用するかが大切だということが一般常識です。では，どのようなケースで後者の使い方，すなわち，武器としての要素を強くできるのでしょうか。

筆者は個人的に，ネットを使わないで生活することで身につけた「感覚」と「考える力」が，ネットを手にした後に，より重要になってくると考えています。そのため，「10歳ぐらいまではネットをあまり使わないほうが，中学生以降，それをより活用できるのではないか」と思っています。

まず，子ども時代にネットから離れた場面で実体験を重ねたからこそ身につく感覚とは，具体的にどのようなものであるかを書き上げてみましょう。

- 図書館でぐるぐると本を探し回った経験があるからこそ，蔵書検索が便利という感覚
- 地元の図書館や書店では手に入らない情報や本があって悔しい思いをしたからこそ，ネット検索で手に入る情報に感動する感覚
- 小さいころから，まわりの大人同士の会話に聞き耳を立てて，会話のなかの「噂話，思い込みによる勘違い，だまされた話…」を聞き込んでいたからこそ，ネットのなかのまちがった情報や意図的なだましが存在するのは当然だと思う感覚
- 実際の会話や一緒にする活動の楽しさや感動や大変さに比べれば，メールでのやりとりやゲームは，とてもあっさりしているという感覚

この感覚を身につける過程で，自分の頭で考える力も身についているはずなので

す。

子どもに，ネットやメール，コンピュータゲームを禁止すべきだと言っているのではありません。それらに費やす時間が長ければ長いほど，実体験したり，実際の大人の行動を観察したり，感動したりする時間が削られてしまい，子ども時代に上述の感覚や考える力を身につけにくくなってしまうのではないかという話なのです。

上述の感覚や考える力が未熟な子どもたちに対して，すでにそれを身につけた教師が，情報倫理の授業の時間を長くして，ネットの怖さの教育を徹底的に施しているのが現状のように思います。ネットを正しく使う教育を徹底したとしても，ネットを離れた場面での実体験が少なすぎるなら，与えられたツールをよりじょうずに活用するのはむずかしいのではないでしょうか。

10歳ぐらいまでの子どもが育つ家庭生活や調べ学習の環境において，親や教師自身が，ネットはなるべく利用しないで，実体験を重視したり図書館を歩いて本を探す姿を子どもに見せることで，状況は改善するのではないかと筆者は考えます。まずは，ネットがなくても普通に生活できる人間を育てるために，大人も努力する必要があるのではないでしょうか。これは大人にとっては，非常に不便ではありますが…。

その結果，大人になるまでネットが存在しなかった世代にとってはあたりまえである「各種の感覚」を子ども時代に身につけることが可能となります。その後で，その人間にネットが利用できるという便利な武器が加わることで，それ自体が確実に「プラスアルファの力」になると思うのです。

もっとも，子どもの頃からネットに慣れ親しむ環境は否定している筆者ですが，そればかりに時間をとられてしまうことは避けるべきだと思っているだけで，子ども時代にコンピュータにふれてはいけないとは思っていません。特に，今の子どもが，大人になるために身につけておくべき「コンピュータ関係の能力」は，確実に存在すると思います。具体的には，「ネットリテラシー能力」や「プログラミング能力」でしょう。

ただ，これらは，早い時期からただコンピュータを長時間，使っていればよいのではなく，必要な時期に適切な方法を使えば，効率よく身につけることができると筆者は考えます。子どものころは，ネット抜きの多くの実体験をもち，本当にネットが必要になった時期に，本書で「ネットリテラシー能力」を効率的に身につけるわけです。

また，「プログラミング能力」に関しても，このための能力（アルゴリズミックな思考）はそれ以外の多くの領域においても利益をもたらすと言われていますから[*1]，効果的な方法での教育が望まれます。なぜなら，プログラミングを通して論理的な考え方を学ぶことは，IT技術やIT社会の理解や，それを応用したアイデアの創成のキーとなるからです。

＊1：子どもを対象とした教育用プログラミング言語LOGOを開発したシーモア・パパート（Seymour Papert,，1928－）は，「プログラミングの深い理解が多くの領域において重要な教育的な利益をもたらす」とその著書Mindstorms（邦題『マインドストーム―子供，コンピューター，そして強力なアイデア』，未來社，1995）で述べています。

1990年代後半からのWeb技術の一般への普及以降，開発ツールの発展により，今まで情報の受け手としてメディアコンテンツを使うだけだったユーザが，自らコンテンツを作るようになりました。そのためには，論理的な思考が必要です。つまり，「プログラミング教育」は，これまで以上に重要だと考えられます。

「ネットワークリテラシー能力」や「プログラミング能力」を10歳以降に効率的に養い，今の時代に必要となる能力を高めるためにも，その時期までの豊富な実体験を通して，発想力・構想力・論理性などが自然なかたちで身についているといいですね。

活用編

1章 インターネットでできること

「インターネット」は世界中にある多くのコンピュータが接続されているネットワークの総称です。このネットワークの上には，さまざまなデータが行き交います。

コンピュータではすべてのデータを０と１のデジタル情報に変えて処理します。ネットワークという道路のなかをのぞけるとしたら，そこには０と１の並び（デジタル化されたデータ）が通っているのが見えることでしょう。それは文字，音声，画像，映像などの情報がデジタル化されたものです。インターネットの一番の基本，それはコンピュータの間でデジタルデータをやりとりすることです。インターネットは情報交換の場としての役割を担っています。

インターネット上にいろいろなデータを通せるということは，そのデータを使って，さまざまなことができるということです。ここでは，インターネットを介して何ができるのかを説明しましょう。

ネットワーク上を通せるデジタルデータの種類，量，そのデータを使うソフトウェアなどの技術的な発展に伴い，「インターネットを介してできること」も発展してきました。電子メール，ファイル転送（FTP），遠隔ログインはインターネットが利用され始めた1980年代からある機能です。それに対して，World Wide Web（WWW）は1993年以降，一般化したものです。

1.1 電子メール

手紙のやりとりをする機能（サービス）を電子メール（e-mail）といいます。手紙の内容（メッセージ）がデジタルデータとなって，ネットワークを伝わり，相手に（相手のコンピュータに）届きます（図1.1）。

電子メールを読み書きするには，メーラーあるいはMUA（Mail User Agent）と呼ばれるソフトウェア*1を使います。メーラー専用ソフトウェアの他，ブラウザ*2がメールを読み書きする機能をもっている場合もあります。

＊1：プログラムのことで，コンピュータに仕事をさせるための命令を書いたもの。コンピュータの機械部分をハードウェア（堅いもの）に対して，目に見える実体がないためこう呼びます。
＊2：Web ページを読む（見る）ためのソフトウェア。browse（見て回る）するための道具です。ブラウザには，Microsoft Edge や Google Chrome などがあります。

電子メールの基本は1対1のやりとりですが，特定のグループのメンバー全員に同じメールを出して連絡したい，意見を聞きたいというようなことがあります。これにはメーリングリストと呼ばれる機能を使います（図 1.2）。メンバーリストに登録されたメンバー間でメールをやりとりするしくみです（→ 2.2.5）。

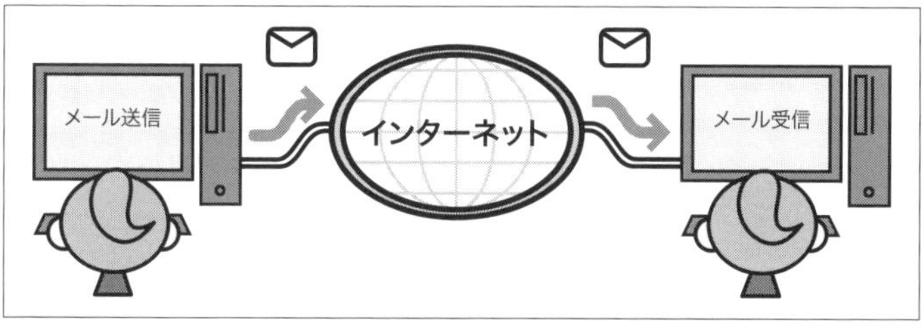

図 1.1　1対1のメールのやりとり

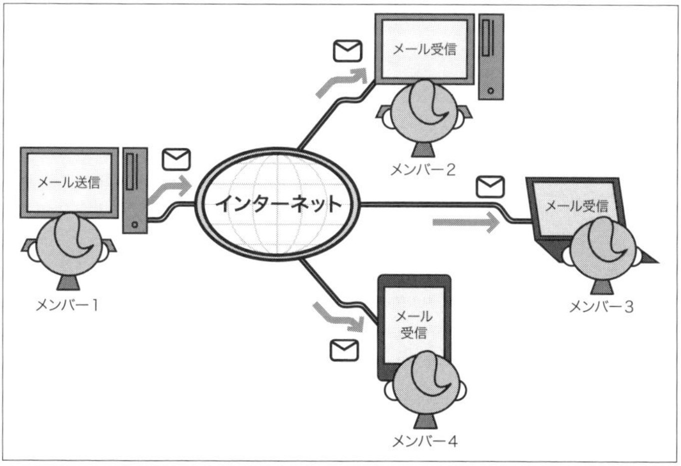

図 1.2　メーリングリストでのメールのやりとり

1.2 World Wide Web（WWW）

インターネットに接続されたコンピュータ上には，多くの人が共有する価値のある情報がつまっています。そのネットにある情報の中身を見ながら（browse），そして多くのコンピュータを移動しながら，情報を探し当てたいという考えから，World Wide Webのしくみが登場しました。World Wide Webとは「世界中に張り巡らされたクモの巣（状のもの）」という意味で，CERN（ヨーロッパ高エネルギー物理学研究所）で開発され，1993年にそのしくみが誰でも自由に無料で使えるものとして公開されました。WWWでは画像，音声，動画を文字と同じように扱え，また特別な知識がなくとも簡単にWebブラウザを操作できることもあり，WWWを使った情報共有は爆発的に一般社会へ普及してきました。

WWWの基本は，

①インターネットに接続されたコンピュータ上にある情報の所在と名前を識別する印をつける。

②ハイパーテキストによって情報を提供する。

という点にあります。ハイパーテキストとは，文書のある部分から別の部分，あるいは別の文書を参照する指定（リンク）を埋めこんだ文書です。目次を見ただけでそのページが開く，あるいは参考文献の記述を見ただけでその文献の内容が目の前に現れるというイメージです。この時，リンク先を示すのが文書につけた印（URL；→ 10.1節）です。この印をたどっていくことで，必要な情報を探すことができます。ネットワーク上のあちこちに散らばった情報に対して，クモの巣のようにリンクを張り，情報を共有しあうしくみがWWWなのです。

WWWで公開される，ハイパーテキストとして書かれた情報（文書）のことをWebページと呼びます。また，ページの中身のことをコンテンツ（contents）と呼んだりします。

WWWのコンテンツは，それらを公開する機能をもつコンピュータ（Webサーバ）に保管されます。WWWの情報を見るには，Webサーバ*3からデータを取ってきて表示するためのプログラムが必要です。これがWebブラウザで，Web サーバに対して Web クライアントとも呼ばれます（図 1.3）。

＊3：サーバとは，なんらかのサービスをする役割を担ったコンピュータのことで，仕える(serve) ので，こう呼びます。メールを送信・受信する（メールサーバ），ファイルを印刷する（プリンタサーバ），Web ページを提供する（Web サーバ）は，それぞれの仕事ごとに召使い（サーバ）がいます。なお，サービスを受ける側のコンピュータのことはクライアント（client；顧客）といいます。

WWW はハイパーテキストとして書かれた情報のやりとりには，HTTP (HyperText Transfer Protocol) という名前の通信の方法（プロトコル）が使われています（HTTP；→ **10.2節**）。この HTTP を使った有名なサービスには，典型的な Web ページの他にも，ブログ（語源は Web Log），SNS (Social Networking Service)，LINE などがあり広く普及しています。

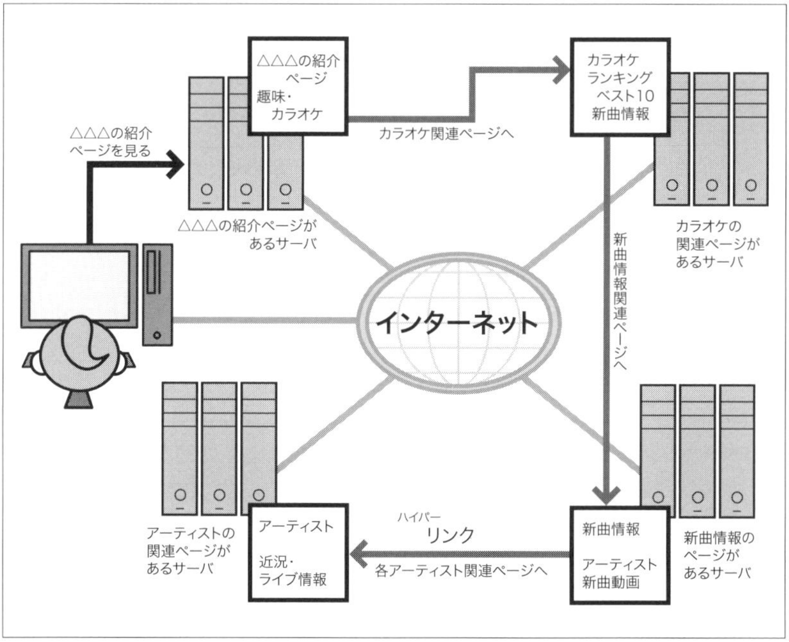

図 1.3　WWW のイメージ図

1.3 ファイル転送（FTP）

あるコンピュータ上のデータ（ファイル）を別のコンピュータに移したい（コピーしたい）時，あなたならどうしますか？　そのファイルをフロッピディスクにコピーして，それを持って別のコンピュータの前に行く方法があります。あなたがファイルを手にして移動したことで，ファイルが「転送」されたわけです。しかし，2台のコンピュータがネットワークで接続されていれば，わざわざ人が移動することなく，ファイルを転送することができます。誰かが（誰かのコンピュータが）もっているプログラムやデータがほしい時，自分のコンピュータにコピーし，自分の手元で使うことができるのです。このように，情報をファイル転送の形で交換するための道具がFTPです。

ファイルを転送する際に，コンピュータ同士が「このファイルだよ」「送るよ」といった連絡を取る必要があります（図1.4）。ファイル転送に関する連絡のしかた（プロトコル）をFile Transfer Protocolと呼び，FTPの名前はここからきています。どのようなファイル転送用のソフトウェアを使っていても，この連絡のしかたは同様です。

なお，ファイルをサーバから入手するファイル転送をダウンロードと呼び，ファイルをサーバにコピーするファイル転送をアップロードと呼びます。

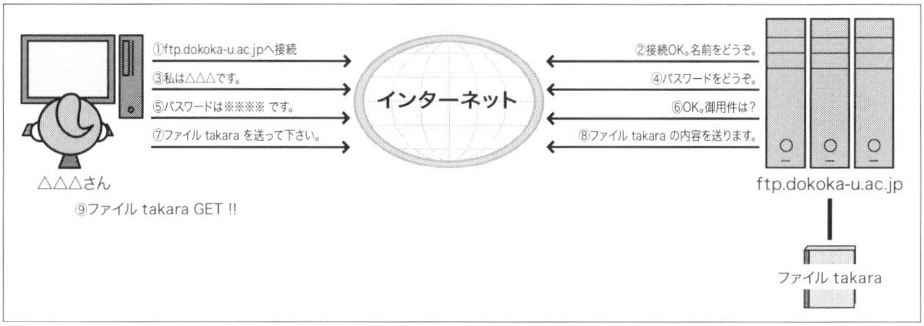

図1.4　FTPのイメージ図

1.4 映像チャット

インターネットは，世界中のコンピュータ間でデジタルデータをやりとりできる枠組みですから，そこに映像と音声といったデジタルデータを通信させれば，映像チャット，会議，遠隔授業，遠隔医療などに応用することが可能です。ハードウェア的には，インターネットとコンピュータという環境に新しく，発信者，受信者双方のコンピュータにカメラとマイクを接続することで，リアルタイム通信が可能となります（図1.5）。

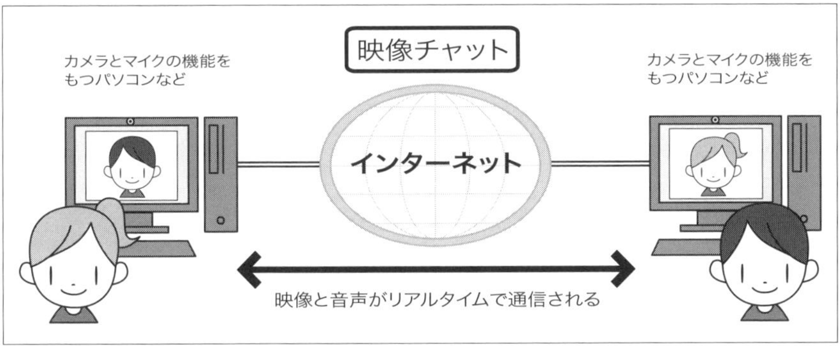

図1.5　映像チャットのイメージ図

その結果，従来は電話を使って声だけで情報交換していたケースにお互いの顔を映し出してより情報が伝わりやすくしたり，出張をして会議を開いていたビジネスマンがこの方法でお互いの顔を見ながら会議をしたり，日本の学校が時差を利用して海外の天文台の望遠鏡での月や星の画像を授業に取り入れるなどの活用が，実際に行われています。

その際には，映像や音声といった大容量のデジタルデータをインターネット網を利用して通信させるため，高帯域（ブロードバンド）環境が必要となります。以前は，インターネットを映像チャットや遠隔医療に使える環境をもった人は，学術機関や企業などの組織に限られていました。しかし2000年以降，一般家庭でも高帯域なネットワーク環境が安価で利用できるようになりましたし，パソコンやそれに接続するカメラなどの低価格化やスマートフォンの普及により，個人が趣味で利用したり，友人との電話代わりに利用するケースも増えています。

映像チャット環境の主流になっているのは，2003年に登場した，Skype（スカイプ。Sky Peer-to-Peerが語源）です。Skypeは，比較的低速なインターネット回線でも高音質の安定した通話を実現できるものとして発展しました。インターネット間で通信できると同時に，一般の電話との相互通話も実現する機能を備えています。国によっては制限はありますが，日本国内ではSkypeと一般電話との相互通信も可能ですし，海外の固定電話への低価格での通信も可能となっています。

Skypeに代表されるインターネットを利用した映像チャットのシステムの多くは，多くのクライアントから1つのサーバを利用するサーバの一極集中型ではなく，P2P（Peer-to-Peer／ピア・ツー・ピア）接続と呼ばれるしくみを使った双方向通信です。P2Pとは，接続されたコンピュータ間に上下関係が存在しないネットワークの形態で，サーバ機とクライアント機の区別がなく，すべてのコンピュータがサーバとしてもクライアントとしても機能するため，負荷を均等にもつことができるという長所をもっています。

1.5 遠隔ログイン

遠隔ログインは，インターネットに接続された別のコンピュータを使うための機能です。利用者（ユーザ）はコンピュータの前に座っているとは限らないため，離れた場所にある別のコンピュータは複数の人が同時に使える（マルチユーザ）能力をもっていることが前提になります[*4]。

＊4：マルチユーザの機能をもつ基本ソフトウェア（オペレーティングシステム；OS）の代表はUNIX（ユニックス）です。UNIX系OSの種類にはLinux（リナックス），BSD（ビーエスディー），Solaris（ソラリス），Mac OS X（マック オーエス テン）などがあります。

マルチユーザのコンピュータには，使用を許されたユーザ名（アカウント）とパスワードが登録されています。そのコンピュータを使う時，ユーザはユーザ名を入力して，「これから使うけど，いいかな？」と問いかけをします。コンピュータはユーザ本人であることを確認するために，パスワードの入力を求め，登録されたパスワードと一致すれば使えるようになります。この一連の手続きをログイン作業といいます。ログインさえしてしまえば，そのコンピュータの前に座っていようが，離れた所にいようが，同じようにそのコンピュータを使えます（図 1.6）。

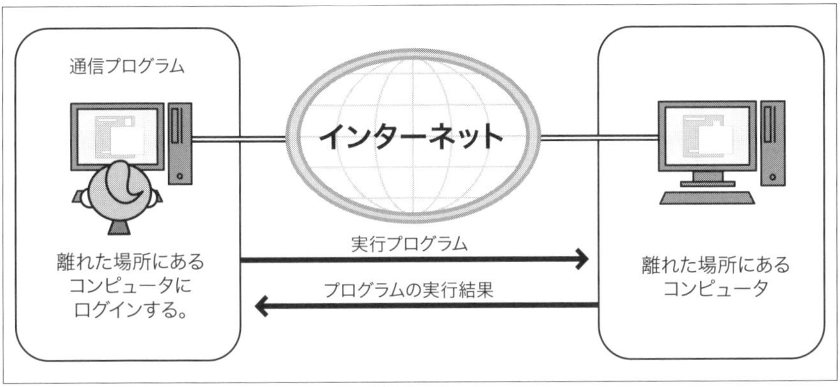

図 1.6　遠隔ログインの図

このように，コンピュータをネットワークを介して使うことを，リモート（遠隔）ログイン（remote login）といいます。そして，そのためのしくみとして telnet が利用されます。

また，通信内容を暗号化して安全に遠隔ログインするための機能としての SSH（Secure SHell）が，telnet の代わりに利用されるようになっています。

ところで，他のコンピュータを使えることで，どういう利点があるのでしょうか。それは，相手のコンピュータがもつ能力（たとえば高い計算能力やプログラム）をいながらにして使えることです。インターネットに接続されたコンピュータがみな同じ機能をもつわけではなく，気象計算のように複雑な計算が得意な大型コンピュータや，画像処理を専門にするコンピュータなど，異なるコンピュータが仕事を分担しています。遠隔ログインは，こういった離れたところのコンピュータの機能を使うための手段を提供します。

《演習問題》

1. 情報交換の場としてインターネット上では，この章で述べたように，電子メール，WWW，ファイル転送，映像チャットなど，さまざまなことができます。ここであげた以外でどんなことができるか，リストアップしてみましょう。

2. インターネットは「匿名性の高い」コミュニケーション手段です。本人が誰かを特定されないまま，情報を提供したり，交換したりできます。匿名性のもつプラス面とマイナス面を考えてみましょう。

匿名性のプラス面	匿名性のマイナス面

3. インターネットの環境においては，相手のコンピュータの所在（ネットワーク上の住所）さえわかれば，相手といろいろなデータを交換できます。インターネットで運ぶデータをどう利用するかは，この章で説明したものにとどまりません。これら以外のインターネットの活用方法を列挙してみましょう。

4. インターネット環境をビジネス，特にネットショッピングのために利用する場合，利用者として注意すべき点は何だと思いますか。考えつくものを列挙してみましょう。

COLUMN - 1

インターネットの生みの親は誰？

パソコンの生みの親は，スティーブ・ジョブズとスティーブ・ウォズニアック（Apple 社の創業者の 2 人），Windows OS のマイクロソフト社の創業者はビル・ゲイツ，というのは有名ですね。では，インターネットを作ったのは誰でしょう。答えに困ってしまいませんか。

なぜなら，インターネット（の環境）というのは，歴史的にいろいろな技術が集まって発展していったもので，作った会社がどこかに存在するわけでも，生みの親が 1 人か 2 人，はっきりと存在するわけでもないからです。

実際には数えきれないほど存在するインターネットの生みの親のなかから，代表的な人物を 5 名あげるように言われたら，筆者なら次の人々をあげたいと思います。

●1 人目と 2 人目　～ TCP/IP の考案者～

インターネットの始まりは，1960 年代の終わりごろの異機種間のコンピュータの相互接続の実験だといわれています。ARPA（アメリカ国防総省の高等研究計画局）によるネットワークである ARPANET の構築プロジェクトにおいて，「違った種類のコンピュータ同士も，相互接続させたい」という希望があり，それを実現させるためにコンピュータやネットワークの技術を発展させていったものが，後のインターネットにつながっていきます。

1969 年に始まった ARPANET でのホスト間通信では，当初，1822protocol というプロトコル（通信規約）が使われていたのですが，1983 年 1 月 1 日からは TCP/IP（→ 8.6節）に統一されました。TCP/IP の特長は，階層化のしくみによって，ネットワークの役割を最低限どのようなネットワークも統合できるようにした点です。

この TCP/IP を 1970 年代に考案した 2 人が，ヴィントン・サーフ（Vinton Cerf, 1943-）とロバート・カーン（Robert Kahn, 1938-）です。そのため，彼らが 1 人目と 2 人目の「インターネットの生みの親」とも言われています。

●そして 3 人目　～ WWW や HTML の考案者～

ARPANET から始まり，1980 年代は研究者間のネットワークとして発展したインターネットがこれほどまでに一般利用者に普及したのは，ティム・バーナーズ・リー（Sir Timothy John Berners-Lee, 1955-）が発表した WWW のおかげであることはまちがいありません。

欧州原子核研究機構（CERN）に所属していたティム・バーナーズ・リーは，1990年11月に“World Wide Web： Proposal for a HyperText Project”という提案書を提出し，同年12月にNeXTコンピュータ（Steve Jobs，1955-2011が作ったコンピュータ）の上で世界初のWebサーバ（httpd）と世界初のWebブラウザを構築しました。

ハイパーテキストの考え方は以前から存在しましたが，彼はそれをインターネット上で実現したわけです。もっとも，インターネット上でも同じようなしくみは他にも考えられていたのですが，以下の点でWWWは画期的でした。

・双方向ではなく単方向のリンクを使用するため，資源の所有者と連絡をとらなくてもリンクすることができた
・しくみがすべて公開されたため，サーバやクライアントを独自に開発し拡張するのも自由にできた

WWWのしくみと世界初のブラウザのソースコードは，1993年に全世界に対してすべて公開されました。誰でも利用できるのは当然，誰でもブラウザが開発できるようになったのです。それは，次のようなさらなる発展につながりました。

●4人目　～普及版Webブラウザ「NCSA Mosaic」の開発者～

CERNから公開されたWWWのしくみとWebブラウザをもとに，1993年に画期的なWebブラウザ「NCSA Mosaic」を開発したのが，イリノイ大学の米国立スーパーコンピュータ応用研究所（NCSA）に所属するマーク・アンドリーセン（Marc Andreessen，1971-）でした（Webブラウザの発展に関しては，コラム4．参照）。

NCSA Mosaicが革新的だった理由は，「テキストと画像を同一のウインドウ内に混在して表示させることができた」という点です。1991年には，それまで学術研究用にしか使えなかったインターネットの商用利用が解禁になっていました。そのため，企業が情報をインターネット上に置く場合，同じページにテキスト（文章）と画像（商品の写真やロゴ）を表示させる必要性が高まり，注目され，またたく間に世界中で使われるようになったのでした。

●5人目　～日本のインターネットの父・村井純～

全世界においては，自薦他薦ともに「インターネットの父」は大量に存在するのに

対して，「日本のインターネットの父は，村井純（1955-）先生だ」という発言に反対する人はほとんどいないでしょう。

日本におけるインターネットの起源は，1984年に慶応義塾大学の大学院を修了し，東京工業大学の助手になった村井先生が，同年9月に慶應義塾大学と東京工業大学を，翌年には東京大学を電話回線で接続したJUNET（Japan University NETwork）です。

1985年4月に電電公社が民営化されて通信が自由化されるまでは，電話回線にデータを流すことは法律的にむずかしかったのですが，JUNETは通信の自由化を目前に控えての実験的な試みでした。JUNETには多くの大学や企業の研究機関が参加し，1994年からはWIDEプロジェクトと名前を変えて日本のインターネットの基礎を築き続けました。そのリーダーとして活躍されたのが村井先生でした。

●まとめ

ここでは，インターネットの父と言える人物を5人だけを紹介してみましたが，まだまだほかに，約45年の歴史を持つインターネットを支えてきた方々が多く存在します。たとえば，データを小包の形で送る「パケット交換」のしくみを考えた，ドナルド・デービス（Donald Watts Davies, 1924-2000）や，1969年に最初にARPANETの通信を実施したレナード・クラインロック（Leonard Kleinrock, 1934-）も，インターネットの父と言えるでしょう。さらに，これからのインターネットの発展において，重要な人物が続々と登場することはまちがいありません。

参考文献：INTERNET HALL of FAME INNOVATOR
https://www.internethalloffame.org/inductees/all に，インターネットに貢献した人々のリストが掲載されている。上述の5名も，当然この中に含まれている。
https://biography.sophia-it.com/ コンピュータ偉人伝

2章 電子メールのコミュニケーション

電子メールを「短い時間で届く郵便はがき」とみなすと，何もいまさら新たに知ることはないと思うかもしれません。しかし，電子メールを新しいコミュニケーション手段とみなし，それに関する新しい技（技法，作法，コツ）を知ることも必要です。

もちろん，電子メールも郵便同様，文字で表現する点には変わりありません。伝えたいことを的確に表現する文章力は重要な要素です。さらに，電子メールで円滑なコミュニケーションをするには，電子メールの特性を考慮したうえでの技法を知ることが大切になります。

2.1 電子メールの特性

2.1.0 必要条件

電子メールのコミュニケーションを学ぶにあたって，まずはコンピュータを利用して電子メールを交換するために，自分も相手も必要なものを考えてみましょう。

①インターネットに接続したメールサーバ
②目の前のコンピュータ
③そのコンピュータ上のメーラー　あるいは
　Web メールを使うのであればブラウザ
④電子メールアドレス

電子メールの配送を行うソフトウェア[*1]が動いているコンピュータがメールサーバです。組織（大学や企業）のなかのどれかのコンピュータが，メールサーバとして，郵便局にあたる仕事をしています。

＊1：電子メール配送ソフトウェアを MTA（Mail Transfer Agent）ともいいます。古くから使われていた MTA に sendmail があり，その他に Postfix や qmail などもあります。

電子メールを送ったり受け取ったりするには，目の前のコンピュータが組織内LAN（ラン）*2でメールサーバと接続され，電子メールを読み書きするためのソフトウェア（メーラー；Mail User Agent）がインストールされていることが必要です。ただし，近年ではわざわざ自分のコンピュータにメーラーをインストールしないでも，ブラウザ上でメールが読み書きできる「Webメール」を使うケースが増えています。

＊2：Local Area Networkの略。組織内のローカルなネットワークを指します。

このように紙と筆記用具と住所と切手だけを用意すれば送れる郵便と比べると，環境を作り設定する必要があるわけです。

そして，もう一つ，電子メールを読んで返事を書く意志がいります。これは郵便でも同じですが，メールが届いたら読み，必要なら返事を書くという暗黙の了解が，コミュニケーションをとる基本です。

2.1.2 書く側からみた電子メール

電子メールを書く立場にたって，その特性を見ていきましょう。

①キーボードで「書く」。これには新しい「慣れ」がいる。

②自分の都合のいい時間に書ける。

③書いたらすぐ出せる（送れる）。ポストのある所まで行く必要がない。

④相手が書いたことを簡単に引用できる。返信機能やコピー機能を使えば，書き直す手間がいらない。

⑤既存の文書ファイルを利用できる。

⑥一度に複数の人に送れる。

⑦遠隔地でも短時間で届く。地理的な距離と到達時間には直接的な関係がない。ただし，メールサーバの間を配送されていくので，どこかのメールサーバが滞っていると予想外の時間がかかることもある。

⑧相手がいつ読んでくれるかわからない。

⑨送ってしまうと，二度と取り戻せない。郵便なら相手が開封する前に強引に取り戻すことも不可能ではないが，電子メールではそうはいかない。

2.1.3 読む側からみた電子メール

次に，電子メールを読む側からの特性を考えてみます。

①画面上で「読む」。これにも「慣れ」が必要。

②自分の都合のいい時間に読める。

③どこでも読める。郵便は配達された場所でなければ，郵便物を手に取ることはできないが，電子メールはネットワーク接続さえできれば，地理的な場所には無関係にメールを読むことができる。

④件名（Subject（サブジェクト）＊3）を見て分類し，後でゆっくり読める。そのためにも件名は内容を反映した適切なもののほうがよい。

＊3：サブジェクトとは，メールの内容を簡潔に表したタイトルのこと。通常メールの先頭部分につけます。

⑤受け取るメール数が多い時，返事の緊急度の判断に時間がかかる。件名だけでは返事を求められているか否か，その緊急度はどの程度か知ることは困難。

⑥コンピュータ上で保存，整理できる。キーワードで検索することも可能。

⑦メールが文字化けして読めないことがある。郵便であれば，差出人が送ったままの文字がそのまま届くのが当然だが，メールでは無意味な英数字が並んで（文字化けして），読めないことがある。

⑧添付ファイルがついてくることがある。頼んでもいないのに，得体の知れないファイルが添付されていて，内容がわからず，処置に困ることがある＊4。

＊4：メーラーが，添付ファイルの拡張子（ファイルの種類を表すもの）から判断して，必要なプログラムを自動的に起動することもありますが，いつも成功するとは限りません。添付ファイルにウィルスが紛れこんでいることもあります。

⑨自分のメールがそのまま引用される。話の流れがスムーズにつかめて便利だが，誤字や誤った内容もそのまま引用されてしまう。

2.2 電子メールの作法

作法といっても，電子メールの書き方に厳格なルールがあるわけではありません。ここで述べることは，コツ，基礎として知っておくといいことです。

ルールでないのになぜそんなことに縛られるのかと不満に思うかもしれません。しかし，そんなコツを知らないことで，ひどい結果を招くこともあります。ひどい結果を招かないまでも，自分だけが知らないという恐ろしい状態におかれることになります。そんな基本的な作法を説明しましょう*5。

＊5：気心の知れた友人との遊びメールなら，作法も何もなく，楽しめばいいのです。

表 2.1 に，これから述べる作法をまとめたチェックリストを用意しました。メールを書いた時，利用してください。以下の（1）～（41）は表 2.1 の番号に対応しています。

2.2.1 目的・内容

（1）そのメールは誰に対するものか？

電子メールを書く際には，まず相手のメールアドレスを設定するので，誰宛てであるかは明らかです。顔を合わせてのコミュニケーションでは，相手の姿やことばが伝わってくるので，相手が自分にとってどういう立場の人なのかが，自然と認識されます。しかし，電子メールを書いている時，伝わってくるのはコンピュータのファンの音だけです。相手が誰かを意識したうえで，メールのことば遣いや，姿勢は適切であるかを点検してみましょう。

（2）メールを送る目的は何か？

何のために，そのメールを書いたのでしょうか？　近況を伝える，新しい情報を知らせる，意見を交換する，あいさつするなど，さまざまな目的があるはずです。差出人が目的を意識していないと，おのずと曖昧な目的不明の文章になってしまいがちです。

（3）簡潔に書かれているか？

メールの目的に沿って，用件（内容）がすぐわかるように，簡潔に書かれて

表 2.1　自分が書いた電子メールチェックリスト

チェック日：

目的・内容	（1）そのメールは誰に対するものか？	友人　先生　仕事先 その他（　　　）
	（2）メールを送る目的は何か？	情報伝達　挨拶　意見交換　質問　その他（　）
	（3）簡潔に書かれているか？	はい　いいえ　改善要
	（4）使われている日時などの表現は明確か？（昨日，あさって，昼ごろなどの表現は使っていないか）	はい　いいえ　改善要
	（5）相手の文化，言語，ユーモアの基準を考慮して，適切だと思えるか？	はい　いいえ　改善要
	（6）無意味な引用はないか？	ある　ない　改善要
	（7）激情的表現（flame）はないか？	ある　ない　改善要
	（8）チェーンレター（チェーンメール）ではないか？	ない　確認要
	（9）送る前に他人の許可は必要ないか？	ない　確認要
レイアウト	(10) 1行は70英文字（漢字35文字）以内か？	はい　いいえ　改善要
	(11) 段落と段落の間には空行を入れて読みやすくしているか？	はい　いいえ　改善要
	(12) 注目してほしい部分（URL，メールアドレス）をめだつように工夫したか？	はい　いいえ　改善要
	(13) 引用部分に引用マーク（> など）がついているか？	はい　いいえ　改善要
	(14) 複数の質問を書く場合は，1行につき質問を1つずつ書く工夫をしたか？	はい　いいえ　改善要
構成要素	(15) 的確な Subject（件名）がついているか？	はい　いいえ　改善要
	(16) To（宛先）Cc（カーボンコピーの宛先）のアドレスを確認したか？	はい　いいえ　確認要
	(17) From（発信人）や宛先に埋めこまれる名前に漢字を使う場合，相手の環境を考慮しているか？	はい　いいえ　改善要
	(18) Bcc（ブラインドカーボンコピーの宛先）を使う場合，Bcc として適切か？	はい　いいえ　改善要
	(19) 誰に向かって書かれているメールかがはっきりわかるか？	はい　いいえ　改善要

構成要素	(20) 本文に発信者名（フルネーム）を書いているか？	はい	いいえ	改善要
	(21) 署名（シグニチャ）は長すぎないか？（3～5行程度が適当）	はい	いいえ	改善要
	(22) 本文はどのぐらいの長さか？	(　　)行程度		
	(23) 添付ファイルは相手に迷惑でないかを考えたうえで送っているか？	はい	いいえ	確認要
	(24) 添付ファイルの大きさは何バイトか？	(　　　　)バイト		
	(25) 送信する文字コードを確認したか？	はい	いいえ	確認要
	(26) HTML メールとして送る場合，相手の環境を確認したか？	はい	いいえ	確認要
著作権／プライバシー	(27) 他人の著作権を侵していないか？	はい	いいえ	改善要
	(28) 他人の文章を引用する場合，出典がわかるようになっているか？	はい	いいえ	改善要
	(29) 他人あるいは自分の身近な人のプライバシーを侵していないか？	はい	いいえ	改善要
	(30) 電子メールで送るべきではない情報を書いていないか？	書いてない	書いている	改善要
MLや質問メールアドレスへの投稿	(31) 複数の人へ送るのにふさわしい内容かどうかを吟味したか？	はい	いいえ	確認要
	(32) 自分宛のメールを引用する場合，そのメールを書いた人に許可を得たか？	はい	いいえ	確認要
	(33) To（宛先）Cc（カーボンコピーの宛先）を十分に確認したか？	はい	いいえ	確認要
	(34) 公序良俗に反する記述はないか？	はい	いいえ	改善要
	(35) 略語，専門用語の使い方が，複数の人への送付に適当であるか？	はい	いいえ	改善要
	(36) HTML メールとして送る場合，相手の環境を確認したか？	はい	いいえ	確認要
	(37) それを不用とする人にも添付ファイルを送信していないか？	はい	いいえ	確認要
	(38) メールが届くメンバーの範囲（人数，閉鎖性）を意識しているか？	はい	いいえ	確認要
	(39) 投稿したメールが公開されるかどうかを知っているか？	知っている	知らない	確認要

いるでしょうか？　簡潔かどうかの判断はむずかしいですが，自分がそのメールを受け取ったとして，読んでわかるかどうか考えてみるのは，有効な方法です。

(4) 使われている日時などの表現は明確か？

メールを出した日時はヘッダ*6に入って送られますが，受取人は何日後に読むかわかりません。また差出人のコンピュータの時計がずれているかもしれません。本文のなかで特定する日時の表現には，あさって，昨日などの相対的な表現を避け，具体的に記述するようにします。また，地域によって日付の書き方が違うことにも注意してください*7。

＊6：発信人，宛先，配達経路などの項目（フィールド）が書かれた部分を，本文と区別してヘッダと呼びます。

＊7：「5/6/99」は5月6日，それとも6月5日？（アメリカでは5月6日，イギリスでは6月5日のことになります）

(5) 相手の文化，言語，ユーモアの基準を考慮して，適切だと思えるか？

文化，言語の違いにより，意図と違う意味が伝わることがあります。相手を不快にするような表現を使ってはいないか注意が必要です。また，自分はユーモアのつもりでも，相手に伝わらないどころか，失礼なこともあります。差出人の知識，教養の出るところですね。

(6) 無意味な引用はないか？

返事を書く際，元のメールの一部をそのまま示し，それに対する答えや意見を書くというやり方は，やりとりの流れがわかり便利です。

しかし，関係のない部分まで引用するのは，メールを長くするだけでなく，読みにくくて迷惑なだけです。元のメールを全文コピーする返信機能*8を使う場合には，不要な部分を削除します。しかし，引用する時には，元の内容を改ざんしてはいけません。ただし，見やすくするため，行の一部を取り出したり，改行位置を変える程度の変更はかまいません。

＊8：全文の引用をするかしないかを設定できます。無意味な引用をしないようにと本文には書きましたが，全文を引用する習慣のある組織もあります。

(7) 激情的表現（flame）はないか？

相手をかっとさせるような表現をflame（炎，激情）などと呼びます。時として熱情を伝えることは必要でしょうが，けんかを売るような表現，慇懃（いんぎん）無礼な表現はないでしょうか？　たとえ，差出人のメールが不快でも，挑発されても，それにただちに反応するようなメールは賢明ではありません。

また，感情的でないとしても，相手を非難する内容にも注意しましょう。「返事が遅い」と非難したい場合，メールの到着時間は一定していませんし，相手がどういう状態にいるかもわからないことを考慮しましょう。

(8) チェーンレター（チェーンメール）ではないか？

チェーンレター（チェーンメール）とは，“幸福／不幸の手紙”の類で，同じ内容を他の人に送るように要求する内容のメールです。幸福／不幸の手紙は「別の人に送らないと不幸になる」という一種の脅迫ですが，チェーンレターは有用な情報を他の人に教えてあげようという善意が，その連鎖を生むところに残酷さがあります。たとえ真実味あふれる情報でも，その第一発信者が明記されていない場合は，まず疑いましょう。

(9) 送る前に他人の許可は必要ないか？

組織を代表して出すメールの場合，あなたはそのメールを書く立場にいるのでしょうか。会社で担当者が顧客へ出すメールが典型ですが，大学でも他大学サークルとの会合や試合に関するメールなど，組織として公式なメールがあります。その内容に誰か別の人（たとえば上司，先輩）のチェック，許可は必要ないでしょうか。

2.2.2 レイアウト

(10) 1行は70英文字（漢字では35文字）以内か？

受取人がメールを読みやすいように，1行は60～70英文字とします。1行に80英文字程度書いてしまうと引用マーク*9がつくと，読みづらくなるからです。

＊9：引用マークは，引用部分の行頭につける印で，自分が書いたことと引用部分を区別するためのものです。>がよく使われます。

一般的なメーラーの表示域の1行の長さは80英文字（漢字では40文字）で，本文の1行がそれ以上長いと，折り返されたり，あるいはスクロールしない（表示部分を変えない）と見えなかったりします。また，1行がとても長い（255文字以上）と，配送の途中で切られてしまうことがあります。

設定してある文字数で自動的に改行を入れる機能をもつメーラーもありますが，漢字2バイトコード（→8.8節）の途中で改行するようなものもあるので，手作業で改行を入力しましょう。

(11) 段落と段落の間には空行を入れて読みやすくしているか？

空行がなく，びっしり書かれたメールは読みにくいものです。段落の間には空行を入れて，内容のまとまり，区切りを明確に示すようにしましょう。

(12) 注目してほしい部分をめだつように工夫したか？

約束の日時，メールアドレス，Web ページの URL など，正確に伝えたいことを含む場合，その部分を記号などで強調して，相手の注意を喚起するといいでしょう[*10]。

```
(例)  ミーティングの時間が1時から3時に変わりました。
                         ^^^^^^^^^^
```

＊10：文字を修飾したいからといって，相手がどんなメーラーを使っているかを確認せずに，HTML メールやリッチテキストメール（→ 9.4.5）などを送ってはいけません。

(13) 引用部分に引用マークがついているか？

自分の書いた部分か，誰かの引用かを区別するために，引用部分の行頭には必ず印（引用マーク）をつけます。多くのメーラーでは自動的につけてくれます。また，引用に使う印を自分で設定することもできます。

(14) 複数の質問を書く場合は，1行につき質問を1つずつ書く工夫をしたか？

相手が質問に答えてくれる時，答えやすいように，また自分の質問を引用しやすいようにする心遣いです。複数の質問を1行にまたがって書いたり，1段落に詰め込んだりすると，相手が一つひとつの質問に答えにくくなります。また，引用部分の改行位置を変えるなど，余計な手間をとらせてしまいます。

2.2.3 構成要素

(15) 的確な Subject（件名）がついているか？

相手にメールをしっかり読んでもらうためにも，一目で内容がわかるような件名をつけるようにします。的確な件名は，本文の理解にも役立ちます。

また，多くのメールを受け取る人は，件名でその大体の内容を把握して，すぐに処理したり，後回しにしたりするので，特に重要です。

(16) To（宛先）Cc[*11] のアドレスを確認したか？

送りたいと思っている相手のアドレスが正確に指定されているでしょうか？

アドレスを間違えたことで「変なメールが来たよ」程度ですめばいいのですが，機密情報をもらしてしまったり，相手とトラブルになることもありえます。

また，カーボンコピーの宛先（Cc）とは，宛先人以外に同じメールを送りたい人のメールアドレスを書く場所です。相手が複数の場合は，通常，カンマで区切って並べます。

＊11：Cc とは，Carbon Copy（カーボンコピー）の略です。

(17) From（発信人）や宛先に埋めこまれる名前に漢字を使う場合，相手の環境を考慮しているか？

メーラーでは自分の本名として設定した文字列を，From フィールドにつけ加えます。また，アドレス帳機能から宛先を選択すると，登録してある名前が宛先につけ加えられます。

(18) Bcc[*12] を使う場合，Bcc として適切か？

ブラインドカーボンコピーの宛先（Bcc）とは，Cc 同様に，宛先人以外にも同じメールを送りたい人のメールアドレスを書きます。Cc との違いは，Bcc で誰に送ったのかが，他の人に伝わらない点です。そのため，記録のために自分宛にメールする場合や，自分のメールアドレスの変更を知人全員に知らせるような場合に使うと便利です。Cc を使うと，互いに無関係な知人のメールアドレスを知らせることになるからです。ただし，ブラインドカーボンコピーとして届いたメールには，ヘッダの宛先に受取人のアドレスがつきません。受取人がなぜ届いたのか戸惑わないように冒頭に「Bcc のメール」である旨を記しておくとよいでしょう。

＊12：Bcc とは Blind（秘密の）Carbon Copy（カーボンコピー）の略です。

(19) 誰に向かって書かれているメールかがはっきりわかるか？

メールアドレスを見れば，誰に宛てているか明確だと思うことでしょう。しかし，ヘッダを相手のメーラーが表示するとは限りませんし，いくら確認しても宛先アドレスをまちがえることもあります。そこで本文の冒頭に相手の名前を書くようにしましょう。

(20) 本文に発信者名（フルネーム）を書いているか？

メーラーはヘッダ情報をはぎ取ってしまうかもしれませんので，誰からのメールかを明確にするため，本文中に発信者のフルネーム，必要なら所属と連絡先を書きます。

メールを書くたびにこれらを書くのが厄介なら，メーラーの「署名（シグニチャ）」機能を使います。あらかじめフルネームと所属，連絡先を記述しておけば，自動的にメールの末尾につけてくれる機能です。

(21) 署名（シグニチャ）は長すぎないか？

長い署名はメールを読む時，煩わしいと思われるかもしれません（何度もやりとりをしていると余計に）。また，ネットワークの負荷，接続料金，ハードディスク容量のむだを招くことにもなります。3～5行以内を目安にしましょう。

(22) 本文はどのぐらいの長さか？

用件や意見を簡潔に述べたメールはそう長くはならないでしょうが，長い論文や資料全体を送るという場合もあります。そのような場合は，冒頭に「長い」ことを記しておくと親切です。

メール全体としては50キロバイトを越えないようにします。長いメールを自動的に分割して送るメーラーもありますが，相手が分割されたメールを結合できるとは限りません。

(23) 添付ファイルは相手に迷惑でないかを考えたうえで送っているか？

(24) 添付ファイルの大きさは何バイトか？

画像ファイル，ワープロで作成したファイルなどを添付ファイルとして送る場合，それは相手の求めに応じたことですか？　相手の環境を確認しましたか？　必要もないのに，また相手が使えないのにファイルを添付するのは，ネットワークに負荷をかけるうえに，相手にも迷惑なだけです。

また，添付ファイルも本文の一部として送られるので，送るファイルの大きさをあらかじめ確認してなるべく小さくしたり，複数のファイルをまとめて1つのファイルにします[*13]。また，データ共有サイトを利用することで，大きなサイズのファイルをメールに添付することが避けられます。

＊13：サイズの大きいファイルや複数のファイルをまとめて送る場合，次のような圧縮ツールでファイルを圧縮するとよいでしょう。
Windows　……Winzip，Winpack など
UNIX　……gzip，compress など
Macintosh　……MacGzip，StuffIt など
ただし，圧縮の形式には，LZH，ZIP，CAB，GZ，TAR，TGZ などさまざまなものがありますので，相手が元に戻すこと（解凍）ができるかの確認を忘れずに。

(25) 送信する文字コードを確認したか？[*14]

メーラーの多くは意識せずとも，メールをインターネットで標準的に使われる文字コードに変換して送ってくれます。ただ，そうしない設定になっていることもありますので，確認しましょう。また，1バイトカタカナ，コンピュータの機種に依存した文字は使ってはいけません。

＊14：文字コードについては，9.4.1，9.4.4 を参照。

(26) HTML メールとして送る場合，相手の環境を確認したか？

相手に頼まれてもいないのに，HTML メールあるいはリッチテキストメールとなっていませんか？　たとえ相手が「読める」環境だとしても，不要な HTML メールやリッチテキストメールを送るのは，相手に手間を取らせるだけです。

2.2.4 著作権 / プライバシー

(27) 他人の著作権を侵していないか？

文章，絵（イメージ），音楽など他の人の著作物の扱いには，注意が必要です。

(28) 他人の文章を引用する場合，出典がわかるようになっているか？

許可を得て自分宛のメールを引用する場合，それはもともと誰が書いたことなのかをはっきりさせておく必要があります。それは著作者への礼儀であるとともに，読んだ人がその情報の信頼性を判断する重要なポイントにもなります。

(29) 他人あるいは自分の身近な人のプライバシーを侵していないか？

電子メールでは文字として残りますので，注意が必要です。

(30) 電子メールで送るべきではない情報を書いていないか？

暗号を使っていない限り，メールは誰かが途中で中身をのぞけることを考慮しなければなりません。クレジットカードの番号，暗証番号など，郵便はがきには書かないことを，電子メールに書くのはやめましょう。

2.2.5 メーリングリストや質問メールアドレスへの投稿

(31) 複数の人へ送るのにふさわしい内容かどうかを吟味したか？

メーリングリスト[*15]は特定の事柄に興味をもつ人たちの集まりです。メーリングリストでは，メンバーをリストに登録し，１つのメールアドレスをそのリストに与えます。そのアドレスにメールを出せば，登録したメンバー全員に同じメールが届くため，ゼミやサークルなどの特定のグループのメール交換に使用されます（→ **1.1節**）。質問を受けつけるメールアドレスもメーリングリストであることが多く，複数の人にメールが届きます。そのためその事柄にあったものでないメールは，メールを受け取る人全員に迷惑となります。

＊15：メーリングリストへの登録，削除などは，管理者が行いますが，大規模メーリングリストでは，メンバーの登録，削除をツールを使って自動管理しています。

(32) 自分宛のメールを引用する場合，そのメールを書いた人に許可を得たか？

メーリングリストの場合は，配送される相手が多いので，メーリングリスト宛のメールに引用してよいかをはっきり確認しましょう。引用の際には，もちろん出典を明らかにしてください。

(33) To（宛先），Cc（カーボンコピーの宛先）を十分に確認したか？

メーリングリストのアドレスを宛先にすると，メンバー全員に送られることを，常に意識しましょう。返信機能を使うと，Reply-to＊16 あるいは From のアドレスが自動的に To フィールドになりますが，連絡事項に対する返事などは，メーリングリストのメンバー全員ではなく，特定の人に送るように指示されていることもあります。また，メーリングリストに届いた友人からのメールに個人的に返事を出したつもりが，メンバー全員に届いてしまったという失敗もよくあります。

＊16：返事の宛先アドレス。発信人（From）のアドレスとは違うアドレスへ返事がほしい時に使います。

(34) 公序良俗に反する記述はないか？

メーリングリストは私信のやりとりとは違い，公の場です。根拠のないデマやうわさを流してはいけません。社会的に許されない内容の記述，暴言などは書いていけないのは当然です。

(35) 略語，専門用語の使い方が，複数の人への送付に適当であるか？

分野，グループによって使われる略語，専門用語がたくさんあります。メールのなかで使った略語や専門用語が，そのメーリングリストのメンバーで共有されている言葉でないようなら，説明をつけ加えるようにしましょう。

(36) HTML メールとして送る場合，相手の環境を確認したか？

メーリングリストでは特に HTML メール，リッチテキストメールを送ってはいけません。

(37) それを不用とする人にも添付ファイルを送信していないか？

メーリングリストの場合は，影響を受ける相手が多いので，特に注意が必要です。

(38) メールが届くメンバーの範囲（人数，閉鎖性）を意識しているか？

そのメーリングリストは，限られた人数だけをメンバーとしたクローズなリストなのでしょうか？　それとも誰でも入れるオープンなリストなのでしょうか？　オープンなメーリングリストは，公の席上で話しているのと同じ注意がいります。そのことを意識したうえでメールを書くことが必要です。

(39) 投稿したメールが公開されるかどうかを知っているか？

メーリングリストでやりとりされたメールを保存し，後でメンバーが見られるように Web ページで公開することがあります。メールに個人的な内容を書くことは常に注意が必要ですが，その内容が公開されていつまでも残るとなると，さらなる注意が必要です。

2.3 メールで使う記号

電子メールでは，独特の「表現記法」が使われることがあります。ただし，万人に理解してもらえる共通の記法ではなく，あくまで慣習的に使われてきた書き方であることを，忘れないでください。独特な書き方を目にした時，その意味するところを理解するために紹介します。

2.3.1 引用マーク

引用部分の行頭につける印で，自分が書いたことと他人が書いたことを区別するためのものです。メーラーの返信機能やコピー機能を使うと，メーラーが自動的につけてくれます*[17]が，もちろん自分で編集することもできます。

習慣として，> がよく使われます。> の前に筆者の名前を入れたり，引用部分の先頭に ariga wrote> のようなコメントを入れることもあります。

```
①  >  これが引用部分です。
②  ariga>  これが引用部分です。
③  ariga wrote>
         >これが引用部分です。
         >これが引用部分です。
```

＊17：メーラーによって，引用マークや引用部分の字下げなどを指定できます。

2.3.2 顔文字（face mark）

文章のニュアンスを伝えるために，記号で書いた顔の表情で，スマイリー（smiley）とも呼びます。次のようなものがよく使われます。英語圏では，:-) のように顔が横向きの顔文字を使います。

```
笑　顔        (^^) (^_^)
冷や汗        (^^;)
謝　罪        _o_
```

顔文字は文章の調子を表すものですが，相手があなたの意図通りに解釈してくれるとは限りませんし，内容を補うものでもありません。(^^) や _o_ をつけたからといって，暴言を取り消す効果を期待してはいけません。相手をよく知ってから使うのが賢明です。その場合も使い方に気をつけ，控えめにしましょう。

2.3.3 コメント行

で始まる行で，話の本題から外れたことを書く時に使います。

```
# 脇道にそれた内容,,,
```

ここは「軽く読み飛ばしてほしい」という合図です。ただし，発信者は読み飛ばしてほしいと思っても，相手にとって無視できないこともあります。# をつけたら，何を書いてもいいというわけではありません。

2.3.4 リダイレクション（redirection）

複数の相手に同じメールを送る場合，メールのなかで特定の人へ宛てた部分を示すのに使います。メッセージの方向（direction）を指定するという意味です。

```
資料を郵送しました。>A 君
```

> の記号を使って，これは A 君だけへのメッセージであることを示しています。

2.4 メッセージの適切な伝達

電子メールによるコミュニケーションには，文書と会話の両面性があります。両者の長所を活かしたコミュニケーションが電子メールの魅力です。会話は発話によるキャッチボールであり，不足した情報はその場ですぐに補えるのに対し，文書によるキャッチボールである電子メールでは，タイムラグがあり，微妙なニュアンスは伝わりにくいなど，会話とは異なる特徴があります。

声や顔に接していないので，相手の真意をつかんだり，誤解を解いたり，質問して確認したりが，その場でできません。それゆえ，電子メールをコミュニケーション手段として適切に活用するためには，それなりの知恵がいることになります。

ここでは，顔の見えない相手に対して，的確に連絡，意見，質問を伝えることを学びましょう。これにはルール化された方法はありません。メールを書く際に，常に自分のメールの内容を批判的に検討することで身につけていけることでしょう。

2.4.1 不明確なメールの問題点とそれへの対応 1

問題点を含んだ，不明確なメールを示します。その問題点を指摘し，返信する練習をしてみましょう。

(1) 不明確なメールの例

図 2.1 のメールは，学生から教員に送られたものです。教員は学生に課題を FTP (File Transfer Protocol；→ 1.3節) を使って，教員指定のディレクトリに提出するように指示しているので，どうもそれに関するメールのようです。

このメールは，いったい何が問題かを考えてください。そして，教員になったつもりで，差出人の学生に，メールを書き直してもう一度出すよう伝えるメールを書いてください。その際，今考えた問題点を指摘してあげましょう。

Date: Sat, 30 Jul 2022 16:59:30 +0900
From: Satodera Murasaki <sato@dokoka-u.ac.jp>
Subject: こんにちは
To: ariga@dokoka-u.ac.jp

課題のファイルが送れません。こまっています。どうしたらいいでしょうか。

図 2.1 不明確なメール例

(2) その問題点の指摘と対策

図 2.1 のメールのヘッダを見てまず気づく問題点は，Subject からメールの内容がまったくつかめないことです。Subject だけを見て，すぐ読むか，読まないかを決める人もいます。忙しいと思われる教員への質問メールなのですから，このような無意味な Subject はないに等しいものです。

また，メールの本体を読んだ教員は，次のようなことを思うでしょう。

・いったい，あなたは誰？
・何の授業をとっているの？
・何をしたの？
・そして，何が起こったの？

誰から誰へのメールかは，ヘッダの From と To を見ればわかることもありますが，ほとんどの場合，メールアドレスからは名前はわかりません。しかも，アドレスをまちがったため違う相手に届くこともあり，相手がFromから発信者を特定できないと，読み飛ばされてしまいます。相手の名前と自分の名前は，本文中にきちんと書くようにしましょう。その時，自分の名前だけでなく，相手から見た自分の立場，所属もきちんと記します。この場合は，どの授業を受けている，どの学科の学生であるかを書くことになります。

また，相手に質問するメールの場合，何を聞きたいのかをはっきりさせます。トラブルの解決方法を聞く場合は，そのトラブルが起こった状況を正確に知らせないと，相手は答えることができません。

図2.1のメールの差出人は，課題のファイルを送れなかった時の状況を伝えていません。これでは，メールを受け取った教員は，具体的な返事が書けません。実は，メールの差出人がファイル送信ができなかったのは，“Permission Denied”というエラーメッセージが出たためでした。つまり，教員側の設定のほうに落ち度があったのです。このエラーメッセージの情報を含み，教員に再度メールを送るつもりで，書き直してみましょう。

2.4.2　不明確なメールの問題点とそれへの対応２

もう一つ，問題点を含んだ，不明確なメールを示します。その問題点を指摘し，返信する練習をしてみましょう。

(1) 不明確なメールの例

図2.2は，学内誌の編集者から送られてきたメールです。受取人は，学内誌に原稿を書くよう頼まれていますが，締め切りを過ぎてもまだできていません。

この不明確なメールの問題は何かを考えてください。

Date: Fri, 30 Sep 2022 23:29:00 +0900
From: Otodo Yuu <yuu@dokoka-u.ac.jp>
Subject: 秋晴れ
To: tomoko@dokoka-u.ac.jp

う〜ん，もしかしてかなり重大なトラブルに陥っているんでしょうか。

それならそうと言ってもらえれば，こちらでもある程度，何とかできるかもしれません。

とりあえずは，そちらの様子を教えていただかないことには・・・・。

図2.2　不明確なメール例

(2) その問題点の指摘と対策

図 2.2 のメールが不明確といっても，この方に返事を出さないわけにはいきません。原稿ができていないこと，連絡しなかったことを詫びて，以下のことについて相手に問い合わせる返事を書いてみましょう。

・締め切りをどのくらいのばしてもらえるのか

・「そちらでなんとかしてくださる」の具体的な内容

さらに，図 2.2 のメールの Subject も内容を表していません。発信者の温かい思いやりの気持ちを表しているのかもしれませんが，メールの用件とは無関係です。また，誰に宛てた，誰からのメールかが，メールの本文に記されていません。頼んでいる原稿の締め切りが過ぎたのに，何も言ってこない状況のなかで，編集者の不安が伝わってくる文章ではあります。しかし，おずおずとしているだけで，具体性がないところに問題があります。

とはいえ，非はメールの受取人（締め切りを過ぎたのに原稿を出せていない自分）にあるのですから，お詫びし，図 2.2 のメールでわからない点を問い合わせるメールを書いてください。

2.4.3 不明確なメールの問題点とそれへの対応 3

最後に，メーカーの問い合わせ窓口に書かれたメールの例をあげます。最後まで読めば，状況はわかりますが，質問メールとしては適していません。その理由を考えてみましょう。

(1) 不明確なメールの例

Date: Tue, 13 Sep 2022 15:17:00 +0900
From: <keiko@dokoka.ne.jp>
Subject: 別の FAX 付電話の子機を使いたい
To: info@sxxx.co.jp

S 社　問い合わせ窓口　担当者御中
近所に住む母が，P 社の新しい FAX 付電話機を買ったとのことで，古い FAX 付電話機（これが S 社さんのものです！）を捨てることになりました。

古い FAX 付電話機には子機が 2 つもついており，まだまだ使えるものなのですが，紙がつまりやすくなったのとデザインが悪いので，新しくおしゃれなものが 1 万 7000 円に値引きされていたのを見て，買ったそうです。
（でも，設置は自分ではできないからと，私が呼び出されました！）

不用になった古いFAX付電話機を見ると，我が家で使っているFAX付電話機のメーカーと同じS社のもので，型番はちがうのですが，子機のデザインもサイズも同じだったのです！　念のために，我が家に持ち帰ってみたら，やっぱりサイズもボタン配置も同じでした。

我が家のFAX機には，子機が1つしかついていませんから，二階にいる時に電話が鳴ると，一階にダッシュで取りに行くのですが，時々，遅すぎてFAXに切り替わってしまい，苦労していました。

ですから，捨てられる予定の母の古いFAX付電話機の子機が，我が家のFAX付電話機の2つ目の子機になれば，とてもうれしいと思います。同じS社のものを買っていて，本当によかったです。10年以上前のことで，私は忘れてしまったのですが，どうも私が母に，「同じメーカーにしたら？いろいろと便利だと思う」と言ったそうです。もちろん，母の家から持ち帰った子機は，そのままでは2台目の子機になりませんでした。そんなに簡単に子機になったら困りますよね。でも，どちらもS社さんのものですし，形も同じなのですから，なんとかなるのではないかと思うのです。

捨てられる予定のFAX付電話の型番は，SFX-P110です。我が家で使っているFAX付電話の型番は，SFX-K1CLです。SFX-P110の子機をSFX-K1CLの子機にする方法を教えてください。

どちらも，S社のものです。下記のFAX付電話宛あるいは，今，私がメールしている電子メールアドレス宛に返事して下さい。うまく使えるという，よいお返事を期待しています。

書き手の名前，連絡先（FAX付電話の番号）

図2.3　メーリングリストに流れた，質問者のメール

（2）このメールに対する問題点と対策

この質問メールには，内容，姿勢，それぞれに問題がありますね。

①内容

質問メールは，先に質問の概要を書き，後にそれを補足する内容を書くべきです。なのに，このメールでは，書き手の行動順に，しかも書き手の気持ちを詳細に書いています。そのため，メールを最後まで読まないと，質問したいことがわからないうえに，無駄な文章が4分の3程度，含まれています。

②姿勢

質問するという行為は，状況を説明し，応答してくれた人とコミュニケーションしながら，問題を絞って，解決方法に至るという能動的な行為です。この質問者は，文章を書くのがとにかく好きなのでしょうか。顔も見たことのないS社のメーカーの方への質問メールにもかかわらず，知り合いとの雑談のようにだらだらと状況を説明しています。

③改善作業の手順

まず，本当に質問したいことが書かれた文章に，波線を引いてみましょう。そして，その質問のために，相手に伝えないといけないことにも，波線を引きます。それ以外の情報は，ほとんど無駄だと思われますので，文章を消していきましょう。その後，簡潔な質問メールに改善してみましょう。

2.5 携帯メールの注意点

この章のここまでの節では，主にインターネットの電子メールによるコミュニケーションについて述べてきました。この節では，携帯メールの利用者が，特に注意すべき点をまとめておきます。

携帯電話から発信されたメール（携帯メール）も，インターネットのメールとして受信できますし，パソコン上でメールを書いてインターネット経由で相手の携帯電話にメールを届けることもできます。両方が使える環境にある人は，用途によって使い分けているでしょう。

携帯メールとインターネットのメールでは，入力方法や画面の大きさが，かなり異なります。携帯メールには文字制限があります。さらに，インターネットのメールが，利用者が自分で主体的に届いたメールを取り込む行動（たとえば，受信ボタンを押す）必要があるのに対して，携帯メールは受動的に受け取れます。そのような理由から，通常，携帯メールは会話調の短いフレーズのみの記述になりがちです。相手も携帯で読んでいるのならそれでもよいのですが，相手がそれをパソコン上で読む場合は，十分に気をつける必要があります。

具体的には，この章で紹介した「自分が書いた電子メールチェックリスト」で書かれた項目に注意すればよいわけですが，特に，携帯メールの利用者が注意すべき項目を以下に列挙して説明を加えます。

(1) 構成要素としてのSubject(件名)は必ず書き，メールの概要を書くこと

携帯メール同志の交換では，件名は省略したり，ここに本文に書くべき用件の一部を書いたりすることがありますが，そういうことはしないでください。

(2) 本文中に相手の名前（必要があれば所属も）を含むこと

(3) 本文中に自分の名前（必要があれば所属も）を含むこと

相手は，あなたの携帯メールアドレスからはあなたの名前はわからないのが普通ですから，本文中に書く必要があります。

（4）機種依存文字は絶対に使わないこと

携帯メールにはたくさんの「その携帯電話の会社の利用者だけが読める」機種依存文字が用意されており，気軽に使える工夫がなされています。しかし，それを使ってしまうと，相手には文字化けして届きます。たとえば，

> **当日の朝，車で荷物を運びます。大久保駅前の〓に停めます。**

は，docomo の携帯メールをパソコン上で読んだ文章です。このメールが書かれた時は，〓の部分は，docomo の機種依存文字のⓅでしたが，読み手には化けて表示されています。携帯電話のマニュアルで「絵文字」として紹介されているものが機種依存文字ですので，相手が同じ携帯電話を使っていることが確実な場合以外は使わないようにしましょう。

（5）携帯電話で受信制限をしている場合は，メールを書く相手のドメイン名を受信できるように設定追加しておくこと

「インターネットメールからの迷惑メール（SPAM）を拒絶する」目的で，携帯電話には，携帯メールのドメイン名以外からのメールを拒絶する設定ができます。つまり，docomo.ne.jp，au.com といったドメイン名のメールは受け取るけど，それ以外のドメインからのメールは自動的にエラーで相手に戻すという設定です。

そのような設定をしているあなたが，携帯メールから tyoshida@notredame.ac.jp 宛にメールを書いたとしますね。このメールはこのメールアドレスには問題なく届きます。しかし，この受信者があなたにインターネット環境から返信すると，そのメールはエラーで戻ってしまうのです。なぜなら，notredame.ac.jp というドメインからのメールを拒絶するようにあなたの携帯電話で設定されているからです。「返事をください」というメールに返事をして，そのメールが拒絶されるとは非常に失礼な話ですね[*18]。

＊18：実際，筆者が「携帯電話には，携帯メールのドメイン名以外からのメールを拒絶する設定」があるのを知ったのは，学生からのメールに返事を出して拒絶されるという現象を経験してからです。迷惑メール対策を携帯メールの設定でやっている場合は注意してください。

(6) すぐに返事がこなくても失礼だと思わないこと／相手はすぐに読むと思わないこと

携帯メールの利用者は，自分が常にメールを読める環境にあるため，相手もそうだと思っている傾向にあります。しかし，インターネットのメールを相手がいつ読むか，また，了解したからといって「了解しました」という返事を書くかどうかは，相手の自由です。急ぐ用事なら，電話で伝えるべきだし，「了解しました」という返事を聞いて安心したいのなら，電話をしてその言葉を聞くべきだというのが，古くからインターネットのメール利用者の考えです。

最後に，補足的な項目を一つ紹介しておきます。先生を含む目上の人や就職活動先の企業先に携帯メールを出す必要があるときには，最初に「携帯メールで失礼します。」とひとこと書いて，携帯でメールを送っていることを断っておけば「失礼なメールを書く学生だ」と誤解される心配もなくなるでしょう。

《演習問題》

1．コミュニケーション方法の特性を比較します。パソコンの電子メール，携帯メール，電話，郵便封書，会議を比較して，次の表 2.2 の各項目の特性が，とても高いか（◎），高いか（○），中程度か（△），低いか（×）を記入してみましょう。

表 2.2　コミュニケーション方法の比較

	パソコンの電子メール	携帯メール	電話	郵便封書	一堂に会しての会議
方法の普及度					
環境整備の容易性					
即応性					
情報到達の確実性					
コミュニケーション時間の自由度					
コミュニケーション場所の自由度					
記録性					

秘密度					
「1対多」への伝達容易性					
通信費用					

2．あなたがよく知っている町の旅館（あるいはホテル）を1件紹介してくれと頼まれたとします。今までに泊まったことのある旅館（ホテル）を選んで，そこを紹介するメールを，次の人に書いてみましょう。

・家族がお世話になっている知人

・高校時代の親しい友人

3．友人（Aさん）が，初めて図2.4のようなコンピュータを買ったのですが，「起動の方法がわかりません」という質問をしてきました。あなたも同じ型式のコンピュータを持っていると仮定して，電源コードをきちんとさすことと，起動ボタンを押すようにということ（どこにあるかの説明も含めて）を教える内容のメールを書いてみましょう。なお，メールには写真は添付しないで，言葉だけで説明してください。

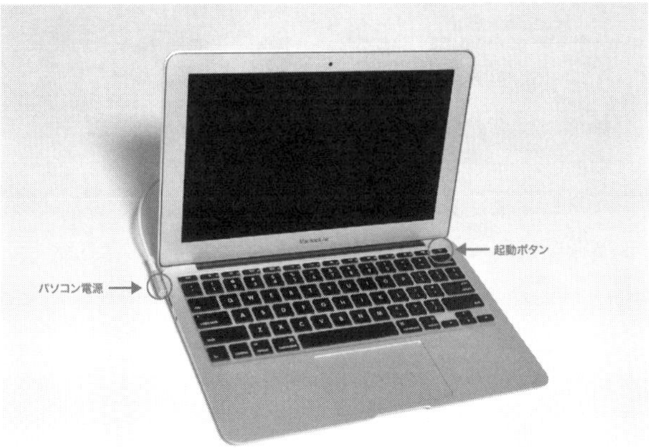

図2.4　パソコンの写真

4．パソコンの電子メール利用と携帯メール利用の長所，短所および相互のメール交換で注意すべき点を考えてみましょう。

COLUMN - 2

商業的なやりとりが禁止されていた インターネット世界で育った「ネットワーク・コミュニティ」が生み出したもの

インターネットの発展の歴史を考えるうえで忘れてはいけないのは，利用が「学術研究目的に限定されていた」ために「商用目的には使えない時代」が，初期のインターネット（当初は，ARPANET と呼ばれた）で，ずっと続いていたことです。この規則は，AUP（Acceptable Use Policy）と呼ばれていました。

日本のインターネットの歴史においても，長く「商用目的には使えない」状態が続きました。インターネットを誕生させたアメリカの場合も同じで，インターネット文化の原点とも言える USENET は，アメリカの大学生たちが 1979 年にボランティアとして作り始めた学術研究ネットワークで，商用目的には使えませんでした。具体的にこのネットワークは，自分たちの利用しているコンピュータ（UNIX ワークステーション）を，学術研究のために UUCP（UNIX to UNIX Copy Protocol）というプロトコルでつないで作ったものでした。UUCP による接続は，その後，TCP/IP（→ 8.6節）というプロトコルによる接続に随時，置き換わっていきます。そして，1983 年 1 月 1 日に TCP/IP がインターネットの標準の通信プロトコルに統一されました。

アメリカにおいても日本においても，インターネットが商用目的で使えるようになったのは 1990 年代になってからなのですから，1969 年の ARPANET の誕生から，20 年以上もの長い期間，商業的な利益をともなわない世界でのやりとりが繰り広げられたことによって，そこには独自の文化が育ちました。質問をする人に，答えを知っている人が善意で返答する“Give & Take の文化”は，今でもこのネットワーク・コミュニティのなかに息づいています。

インターネット上で活躍している数々の優秀なオープンソース・ソフトウェアも，このネットワーク・コミュニティから生み出された産物であると考えられます。たとえば，Apache という Web のサーバ（ソフトウェア）や，Linux という OS や，Firefox や Google Chrome という Web ブラウザなどのソースコード（プログラム記述行）は，オープンソース・ソフトウェアとして公開されています。これは，商業的なやりとりが禁止されていた時代からの精神が今なお健在であるからこそです。

オープンソース・ソフトウェアというのは，ソースコードがオープン，つまり，ソフトウェアを記述しているプログラミング言語で書かれたプログラムそのもの（ソースコード）が公開されているもののことです。そのため，プログラミング言語が読める者にはそのソフトウェアがもつ機能がすべてわかりますし，プログラミング言語が書ける者はそのソフトウェアに対して，変更を加えたり機能追加したりできるという大きなメリットが生まれます。不具合（バグ）があっても自分で直せることや，機能がすべて公開されていることは，プログラマには非常に都合がよいのです。

オープンソースとしてのソースコード公開のメリットは，次のようにまとめられます。つまりそのソフトウェア（アプリケーション）には，次のメリットが生まれるわけです。

①カスタマイズ・改良可能
②自力で不具合を修正可能
③教育・学習に活用可能
④異なるハードウェアに移植可能
⑤作業の重複（「車輪の再発明」）を回避
⑥（特定企業に依存せず）公共性・透明性がある
⑦（企業戦略に依存せず）長期利用可能

なお，オープンソースのソフトウェアとビジネスの世界とは対立するものではなく，ここにもあらゆるビジネスチャンスがあることから，2000 年以降，オープンソース・ソフトウェアが注目されている一因となっています。

参考文献：吉田智子（著） 2007 「オープンソースの逆襲」（出版文化社）

3章 Webページでの情報収集

「Webページを利用したことのある人」は増え続けています。「インターネットする」ということばが「Webページの利用」を意味するほどに，一般に広まっています。

しかし，そこから得られる情報の特性，信頼性，検索性をあらためて考えたり，その情報が効果的に公開されているかについて評価してみた経験をもつ人の数になると，ずっと減るでしょう。この章ではまず，Webページの情報の特性や情報を得るための手段について考えてみましょう。

3.1 Webページの構成要素

まず，Webページが一般文書とどのように違うのかを考えるために，構成要素を列挙してみます。

①タイトル

②目次に相当する情報（ページ構成）

③見出し

④本文（説明の文章，箇条書き部分，図，表，リンク部分）

⑤参考文献（実際の参考文献へのリンクを提供することもある）

⑥更新日や発信元などの情報

一般文書との最も大きな違いが，ページ番号という概念がないことと，文書の論理構造をHTML（HyperText Markup Language）のタグ[*1]という印を使って指定している点です。この指定のことをマークアップと呼び，HTMLはマークアップ言語の一種です。

＊1：HTMLの具体的なタグについては，6章で詳しく説明していますので，そちらを参照してください。

マークアップとは，もともと印刷工やタイピストに文章をどのように印刷するかを伝えるためのものでした。つまり，文字のスタイルやフォント，レイアウトを指示するのに使われていた概念が，今は広い意味で，デジタル化された文書に入れられる特殊な記号を指すようになりました。

HTML の長所は，ブラウザさえ持っていれば誰でも情報が読める点です。たとえば，ある文書の見出しを大きくしたり，部分的に色や字体を変えたりして読みやすく整形したいとしましょう。あるワープロを使って整形し，それをメールに添付するなどして送る方法も考えられます。しかし，受け取った相手が同じワープロを持っていなければ読めませんから，誰でも読める形で情報が提供できません。一方，HTML を使って整形した文書は，ブラウザさえあれば誰でも読むことができます。このメリットが，HTML 文書，つまり Web ページが短期間でこれほどまでに普及した理由だといっても間違いないでしょう。

なお，ワープロでは「大見出し」に対して，大きめのフォントや太字にするなどの指定を文字に加えますが，HTML では「ここからここまでが大見出だよ」という印（タグ）を文書内に書きます。すると，HTML 文書を受け取ったブラウザが，「ここは大見出しだから，大きい字にしよう」と判断して表示します。つまり，文章中には大見出しの印がついているだけで，大見出しをどう見せるかはブラウザの仕事です。さらに，どの行で改行するかを決めるのも，その文書を印刷したら何ページになるかを決めるのもブラウザです。

上記のような HTML のしくみにより，Web ページの情報を印刷したら，妙なところで改行されたり，改ページされてしまうこともあります。デザインに凝ったつもりが，表示文字を大きくしただけで，画像とのバランスが悪くなってしまうこともあり得ます。これが HTML の短所だといえるでしょう。

HTML 文書はもともとそういう位置づけの文書だからとあきらめられる場合はよいのですが，そうでなく，書き手の希望した体裁で相手に印刷させたい場合もあるでしょう。そのような時に使われるのが PDF（Portable Document Format）文書[*2]です。PDF 文書を読むためのソフトウェア（Adobe Reader）は，あらゆる環境のものが無料で提供されていますので，ワープロ文書を編集ソフト Adobe Acrobat で PDF 文書に変換して提供することで，書き手の希望した体裁での印刷が可能になります。

＊2：PDF 文書は Adobe 社が 1993 年に発表したもので，体裁を維持し，OS や利用アプリケーションに依存しないファイル形式として，短期間で全世界に普及しました。

3.2 Webページの特性

次に，Webページの完成までのプロセスを考えたうえで，特性をまとめてみましょう。

3.2.1 Webページの完成までのプロセス

Webページの完成までのプロセスは，その文書の種類によって，また，本人の考えによって，まったくいろいろです。たとえば，一人の考えで公開するものなら，ほとんど準備も何もしないで，突然，気の向くままに文字を書きなぐって公開してもよいのです。もちろん，同じWebページでも，団体が発信するWebページなら，企画書を元に，多くの人に意見を聞きながら，長い期間をかけて作成することもあるでしょう。つまり，Webページの完成までのプロセスには，非常に大きな幅があるのです。

容易に公開できることが，生の声の発信に一役かっているのですが，これが情報の質や信頼性を低くすることもあり，「インターネット上の情報の質はまちまち」という特長を生み出しています。

どのようなケースにおいても，一度，発信を開始したWebページの内容の更新，変更は，非常に容易です。そのページを突然引っこめてしまうこともできます。逆に，数年間も古い情報のままほったらかしにしてあるWebページもあります。そのため，Webページを読む目を養う必要があります。発信者は誰なのか，発信日はいつなのか，信じてよい情報かなどを判断する力です。これについては，4章で詳しく説明します。

3.2.2 Webページの特性

ここまでで述べたことも考慮して，Webページと印刷物との異なる特性をまとめてみましょう。

(1) リンク機能（関連情報へのハイパーリンク）

リンク機能によるページ内の関連項目への移動，あるいは参考文献，関連ページへの移動が容易です。

(2) メディアの多様性

色づけや絵の貼り込み，また画像や音声，映像など，印刷物にはない幅広い表現手法が提供されます。

(3) 読む環境の影響

読者のマシンの環境により，閲覧性，外観に違いが出ます。

(4) 更新，変更の容易さ

Webページは簡単に変更できます。それは誤りを正す，新たな情報をただちに追加するといった利点の反面，安定性に欠ける情報となります。

(5) 校閲過程の欠如

校閲過程が存在しないケースも多いため，その信頼性が保証されているわけではありません。

(6) 情報の検索性

Webページには，Web上のページを探し出すための手段が提供されています。これは，Webページにはページ番号という概念がないために検索性が高くなければ探せないことがあるという欠点を補うためと，大量の情報が存在するインターネットのなかから役立つ情報を探す必要があるからです。

3.3 Webページからの情報検索

Webページからの情報の収集は，慣れるまでは容易ではありません。なぜならWebページというのは，管理人不在の巨大なインターネット空間にあるため，図書館の蔵書目録に相当するものを作って，存在する情報のすべてを管理できるものではないからです。

その一方で，Webページにはたいてい，関連する情報へのリンクが提供されているため，最初の手がかりさえ得られれば，いもづる式に関連する情報のページを探すことができるというメリットがあります。その最初の手がかりのページを見つけるために，検索サービスを提供しているページを使います。

Webページの情報を検索するためのページは，インターネット上に非常に多く提供されています。この検索サービスは「検索（サーチ）エンジン」によって運用されており，「ポータル（portal）サイト」という名前で呼ばれます。portalには，「入り口，玄関」という意味があるためで，ここが，インターネットという巨大な空間に存在する情報の入り口になります。

1990年代には，項目で分類されたものを利用する方式の「ディレクトリ系の検索サービス」と，キーワードに合致するページが検索結果として返される方式の「全文検索系の検索サービス」の2つが，使われていました。

しかし2000年以降，検索サービスの主流は，「全文検索系の検索サービス」となっています。なお，日本において検索サービスを提供しているサイトは，有名なものだけでも，表3.1のようなものが存在します（2022年12月現在）。

表3.1　主な検索サービスガイド

名　称	URL	特　徴
〔一般的なもの〕		
Yahoo！JAPAN	https://www.yahoo.co.jp/	多分野にわたる生活情報の入手に広く利用。
Google	https://www.google.com/	キーワードを入力する全文検索系のもの。独自のサイト格付け技術により検索結果の表示順に特徴あり。
BIGLOBEサーチ	https://search.biglobe.ne.jp/	話題のニュースのキーワードが表示されている。
fresh EYE	https://www.fresheye.com/	1ヶ月以内に登場，更新されたページが検索可。
Infoseek楽天	https://www.infoseek.co.jp/	英和・和英・国語のマルチ辞書も便利。
〔図書目録〕		
国会図書館総合目録	https://ndlonline.ndl.go.jp/	国立国会図書館の蔵書検索。
大学図書館総合目録	https://ci.nii.ac.jp/	全国大学図書館の蔵書検索。

3.3.1 全文検索系の検索サービスとは

全文検索系の検索サービスは，定期的にインターネット上のサーバを巡回して，そのなかのページをかたっぱしから収集しておくものです。収集するデータの規模や方法はさまざまですが，大規模なものになると，インターネット全体の情報を対象に，ロボットを使って情報収集していきます。一般的に日本だけではなく世界に対して収集しますし，データの種類をWebページだけに限定しないで，PDFファイルや画像ファイルも収集します。

全文検索系の検索サービスは，簡単なキーワード入力で広範囲の情報が得られるので便利なのですが，キーワードの選び方によっては，期待する結果が得られないこともあり，検索テクニックが要求されます（情報検索サービスの効率よい利用方法；→ 3.4節）。

全文検索系の検索サービスは，規模や種類によって運用方法は異なります。ただし，ほとんどの場合，同じしくみで動いていますので，以下にそのしくみを説明しましょう。

まず，それぞれのWebページに，どのような単語が含まれているかを調べたデータを，あらかじめ機械的にインデクシング（索引化）していきます。インデクサと呼ばれる，Webを定期的に探索してデータベースを作り出すソフトウェアを使うことで，あらかじめインデックス（索引）を作っておくわけです。それを元にして，利用者が利用時に入力した検索要求（キーワード）が含まれているWebページを見つけ出し，そのURLを検索結果として返します。

このように，あらかじめ作られているインデックスを利用しているために，利用者がキーワードを入力した1秒以内に，検索結果が表示されるのです。また，あらかじめ作られたものを使っているために，検索結果の記述には「ここ

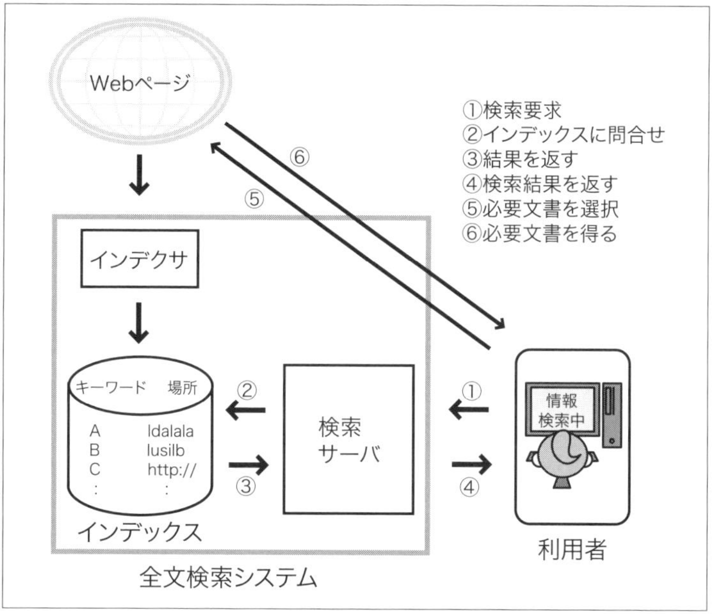

図3.1　全文検索システムの構造

にこの情報がありますよ」と書かれているにもかかわらず，実際にその Web ページにアクセスして情報を得ようとすると「ないですよ（見つからない）」と返事が戻ってくる場合があるわけです。その理由には，インデックスを作る時は存在したページが，その後，削除された場合や，その情報が置かれている Web サーバの電源がその時は切れているなど，いろいろなものが考えられます。

この全文検索システムのしくみ＊5をまとめると図 3.1 のようになります。

＊5：全文検索システムのしくみについては，『改訂 Namazu システムの構築と活用〜日本語全文検索徹底ガイド〜』馬場 肇著（2003 年 7 月ソフトバンク発行）を参考にまとめました。

3.3.2 Google のページランクのしくみとは

全文検索系サービスの代表である Google は，全文検索システムの結果を出すために，ページランク（PageRank）という，Web ページの重要度を決定するためのアルゴリズム（処理手順）を使っています。ちなみに PageRank は，そのアルゴリズムを考え出した Google 社の商標です。

この PageRank の考え方は，Google 社の創業者であるラリー・ページとセルゲイ・ブリンの二人の父親が，大学の教授であることにも関係しています。大学の教授（准教授，専任講師含む）は，教えることと同時に，学術論文を書くことも仕事の一つです。そして，発表された学術論文というのは，一般的に「重要で注目されていれば，より多くの論文から引用される」という事実が存在します。学術論文を Web ページに当てはめたのが，PageRank の考え方なのです。

つまり，「注目に値する重要な Web ページはたくさんのページからリンクされる」と考えて，検索結果の重要度を計算し，その計算結果順に並べているのが，Google の検索結果なのです。

ただし，リンク集のように，とにかくたくさんリンクすることを目的としているページからリンクされたとしても，それは注目されているとは言えないため，リンク集からのリンクは，例外とするようです。

このアルゴリズムが採用された Google の検索結果は，それまで利用されていた全文検索システムを利用した検索サービスに比べて，確実に，有益な情報を検索結果の上位に表示することができました。それで話題になり，短期間の間に世界中の多くの人に使われるようになりました（Google 社は，1998 年に創業され，2004 年に株式公開）。

Googleの検索結果が世界中に大きな影響力をもっているのは，ご存じのとおりです。そのため，自分のページのページランクを上げるために行われるサイト構成などの最適化（Search Engine Optimization：SEO；サーチ・エンジン最適化）のために，ページを書き換えるその技術も生み出されています。

3.4 情報検索サービスの効率よい利用方法

全文検索系サービスを利用する場合，自分が利用しているサービスにおける，キーワードの入力や絞りこみの約束事を知っておくと，効率のよい検索が可能となります。キーワードの与え方ひとつで，結果がずいぶん違ってくるからです。そのため，ある程度の検索技術をもっていないと，大量の検索結果が返されるだけで，目的のWebページがなかなか見つからないということにもつながります。Googleに代表される全文検索系のサービスを利用する時には，効率よい利用方法を知っておく必要があるのです。

3.4.1 複数のキーワードを与える

検索のためのキーワードには，複数のキーワードを与えることができます。その場合，word 1とword 2の両方の含まれるものを探すのか，いずれかが含まれるものを探すのか，word 1の含まれるものからword 2を除くのかを，指定する必要があります。その時に基本となるのが，AND検索，OR検索，NOT検索の概念です（図3.2参照）。

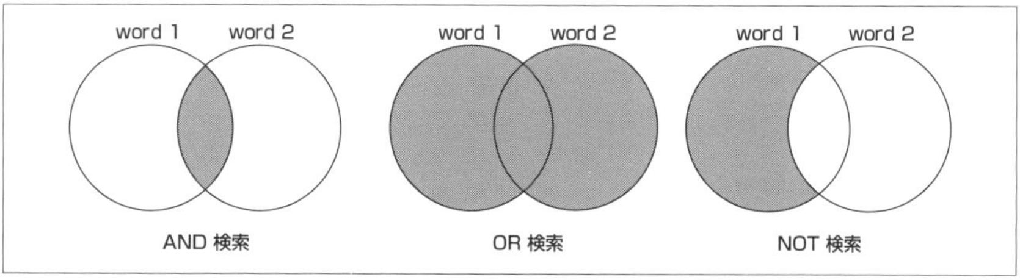

図3.2　AND検索，OR検索，NOT検索

(1) AND 検索

AND 検索は，word 1 AND word 2 のように入力して，word 1 と word 2 の両方のキーワードが含まれるページを見つけます。データを絞りこむために必要な検索方法です。なお，Google を含む多くの全文検索サービスでは，複数のキーワードの間に AND と入力する必要はなく（省略可能で），検索のキーワードを入れる窓の中には，単に，word 1　word 2 と並べれば AND 検索となります。

Google には，通常の検索のキーワードを入れる検索ページ（https://www.google.co.jp/）以外に，検索オプションのページも用意されています。Google のトップページの右上の歯車のマークをクリックするか，直接，https://www.google.com/advanced_search にアクセスすることで，検索オプションのページを開くことができます。

そこでは，「すべてのキーワードを含む：」と書かれた部分の横に，複数のキーワードを並べることで，AND 検索ができます。

(2) OR 検索

OR 検索は，word 1 OR word 2 のように入力して，word 1 あるいは word 2 のどちらかが含まれるページを見つける検索方法です。OR 検索は，1 つのものに対して 2 つ以上の表記があって，それらいずれも網羅させたい場合に便利です。たとえば「コマーシャル OR CM」と指定することで，いずれの表記のページも見つけられます。

Google の検索オプションのページ（歯車のマークをクリックすると表示されるページ）では，「いずれかのキーワードを含む：」と書かれた部分の横に，複数のキーワードを並べることで，OR 検索ができます。

(3) NOT 検索

NOT 検索は，word 1 -word 2 のように入力して，word 1 の含まれるページから，word 2 の含まれるページを除きます。- と 2 つ目のキーワードの間にはスペースを入れてはいけません。word 1 -word 2 と入力してください。

Google の検索オプションのページで NOT 検索を行いたいときは，まず，「すべてのキーワードを含む：」の部分に word 1 を書き，「キーワードを含めない」の部分に word 2 を書くことで，同じ指定ができます。

さらに，ここまでで説明した検索式の応用として，カッコを使ってより複雑な式を与えることもできます。たとえば，

```
(Mac OR Linux) 長所 短所
```

と指定すれば，「Mac」「Linux」のすべての表記のものを集めて，その中から，「長所」と「短所」の両方のキーワードを含んだページを検索することができます。つまり，Macだけの長所と短所の書かれたページや，Linuxだけの長所と短所の書かれたページを，検索結果として戻します。

もしも，Mac　Linux　長所　短所というふうに，単に4つのキーワードを並べて検索をすると，MacとLinuxの両方のテーマを扱ったページのみとなりますから，カッコやORを使うことで，違う結果を得ることが可能になります。

ちなみに，AND，OR，NOTは，Boolean（ブーリアン）記号と呼ばれます。このAND検索，OR検索，NOT検索の概念は，どのような検索サイトで利用する場合も同じですが，それぞれの記号の記述が，利用するページによって多少，違うこともあります。

(4) 語順も含めて完全一致

完全一致の文字列を探したいときには，" "で囲みます。たとえばJohn Smithといった，複数の単語からなるひとかたまりのキーワードを単にJohn Smithと入力すると，JohnとSmithのAND検索になってしまいます。そこで，ひとかたまりのキーワードは，"John Smith"というふうに" "で囲んで「語順も含めて完全一致」を指定します。

Googleの検索オプションのページにも，「語順も含め完全一致：」という項目が用意されていますので，そちらに入力することもできます。その場合は，" "で囲む必要はありません。

3.4.2 検索範囲を指定する

検索結果は，利用されている言語，ファイルタイプ，日付，検索の対象とする箇所，ドメイン名などで絞りこむことができます。

特に，ドメイン名の絞り込み方法を知っていると便利です。この機能を使えば，「権威のあるサイトやドメインに限定して探すこと」や，逆に「このサイトやドメインの情報は除いて探すこと」ができるからです（図3.3）。

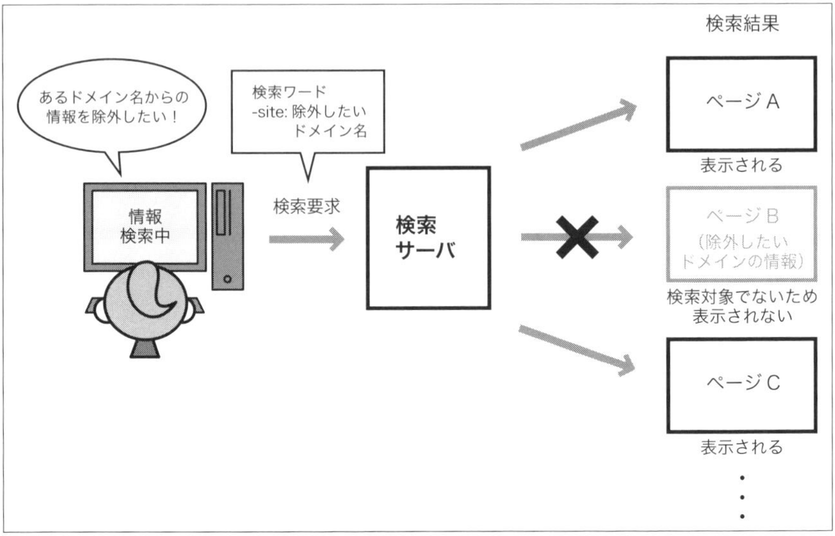

図 3.3　ドメイン名を絞り込むことができる

まず，「このサイト，ドメインから探したい」という，範囲の限定は，Google のトップページの検索の箱に，site：ドメイン名　と記述することで，指定することもできます。たとえば，

```
京都ノートルダム女子大学　site:notredame.ac.jp
```

と入力すると，京都ノートルダム女子大学のサイト（ドメイン名は notredame.ac.jp）に含まれる情報のみを得ることができます。逆に，

```
同志社女子大学　-site:dwc.doshisha.ac.jp,-site:ja.wikipedia.org
```

というように，site の前にマイナス記号を入れると，同志社女子大学の情報の中から，同志社女子大学が出している公式情報や，ja.wikipedia.org のページを除外して探すことができます。そうすれば，いわゆるクチコミ情報が読みたいときに，それだけを得ることが可能となります。

以下は，Google の検索オプションのページを例にとって説明しますが，他のサービスでもほぼ同様に絞り込みが可能です（Google の検索ページへは，トップページの右上の歯車のマークをクリックするか，直接，https://www.

google.com/advanced_search にアクセスします。図 3.4 参照)。

図 3.4　Google の検索オプションのページ

(1) 言語

書かれた言語を指定できます。

(2) 地域

書かれた地域を指定できます。同じ英語のページでも，たとえば，オーストラリアで書かれたページだけに絞りこむことも可能です。

(3) 最終更新日

最後に更新された時期を「24 時間以内」「1 週間以内」「1 か月以内」「1 年以内」から指定できます。新しいページを探したい時に指定する場合に重宝します。

(4) サイトまたはドメイン

「このサイトやドメイン名のなかから探す」という指定ができます。たとえば，shugiin.go.jp（衆議院のドメイン名）に指定すれば，そのなかからのみ探せますし，go.jp と指定することで政府関係のなかから，ac.jp と指定することで学術機関のページから探すことが可能となります。

(5) 検索対象の範囲

指定したキーワードが含まれている場所で絞りこむこともできます。「タイトルのみ」「本文のみ」「URL のみ」「そのページへのリンク内」などの指定をすることが可能ですので，特定のタイトルのページを見つけたい時や，URLに含まれる単語で検索したいときなどに利用できます。

(6) セーフサーチ・フィルタのオン / オフ

アダルトコンテンツを検索結果から除外することができます。

(7) ファイル形式

コンテンツのファイル形式（PDF，PS，DOC，PPT など）の指定ができます。

(8) ライセンス

「自由に使用，共有，または変更できる」や「営利目的を含め自由に使用，共有，または変更できる」などが指定できます。

3.5 新しいスタイルの情報収集の時代

ここまでの説明では，WWW が誕生した 1990 年代から存在する，オーソドックスな Web ページ，つまり，情報の送り手と受け手が固定され，送り手から受け手への一方的な流れであった従来の Web ページからの情報収集のスタイルを説明してきました。

一部の人が書いた Web ページを多くの人が利用するというこのスタイルは，2000 年以降，変化し始めました。巨大掲示板，レビューサイト，個人のブログなどの発展により，Web の読み手である，旧来の消費者が書き手や情報の発信源になる時代が来たからです。CGM（Consumer Generated Media）と「集合知」について具体的に説明することで，Web 新時代とも言われる，新しいスタイルの情報収集の時代についてまとめておきましょう。

(1) CGM

CGM（Consumer Generated Media）とは，インターネットなどを活用して消費者が内容を生成していくメディアの総称です。価格ドットコムや amazon の商品レビューに代表される「クチコミサイト」，Facebook や mixi などの「SNS（Social Networking Service）」，YouTube に代表される「動画共有サービス」，Yahoo! 知恵袋のような「ナレッジコミュニティ」，ブログサイトなどが，この CGM にあたります。

技術的には，商品やサービスの評価レビューや情報交換などの，個人の情報発信をデータベース化して，Webページを構成しています。

一般人が事件を撮影したり社会問題を取材したりする「市民ジャーナリズム」の分野から，商品やサービスに関する情報を交換するもの，人気作品の二次創作を書き綴ったりするもの（ファンアート）など，さまざまなものが存在し，多くの人間が情報を書き，読み，消費行動にも影響を受けています。そのため，企業がこうしたコミュニティを利用した宣伝活動に暗に関与した「サクラ」行為や，消費者に宣伝と気づかれないように宣伝行為をする「ステルスマーケティング（stealth marketing）」も存在します。これらを利用した手法は，時にバイラルな（Viral＝ウイルス性の）広がり（爆発的なクチコミの力）をもつこともあるため，「バイラル・マーケティング」と呼ばれることもあります。

これらの行為の是非はさておき，Web利用者による情報提供を無視できない時代になっていることは確かです。

（2）集合知

2005年ごろからのWeb2.0の時代以降，注目されている「集合知」とは，インターネットの普及により，専門家の意見だけでなく，一般のユーザなど大衆の意見も価値が見いだされるようになってきたことを指します。一般の人の批評がブログやレビュー機能などで発信され，それらの大量の情報を集計・分析・加工し情報として新たな価値（ナレッジ＝知識）を生み出したものと言えます。

英語では「Collective Intelligence」と呼ばれ，多くの個人の協力と競争のなかから，その集団自体に知能，精神が存在するかのように見える知性であるため，「集団的知性」とも訳されています。つまり，「みんなの意見は案外正しい」ということですが，「だから盲目的に耳を傾けましょう」というのではなく，「みんなの意見は案外正しいが，まちがっていることもあるうえ，それを信じて失敗しても誰も責任をとれないし，やり方次第でその意見は構築されるものだという認識も必要だ」と言われています[*6]。

＊6：『「みんなの意見」は案外正しい』スロウィッキー著（2009年11月角川書店発行）。

《演習問題》

1．Web ページを百科事典，新聞，週刊誌と比べてみましょう。Web ページではいろいろな情報が提供されていますが，万能とはいえません。次の表の比較項目でそれぞれの情報源がどういう傾向にあるのかをコメントしてください。

比較項目	Web ページ	百科事典	新聞	芸能ネタの週刊誌
（1）情報の信頼性				
（2）情報の鮮度				
（3）情報の検索性				
（4）リンク機能				
（5）メディアの多様性				
（6）読む環境の影響				

2．以下の質問に対する答えを，Webページから情報ハンティングしてください。見つけた手順のところには，どのような検索サービスにどのようなキーワードを与えたかと，情報源となったWebサイトのURLを書きます。（URLとは，https://www.notredame.ac.jp/ のようなページの所在地のことです。）そして最後に，自分がこの演習のために必要だったのべ時間と，検索実習の感想（演習を通じてわかったこと）を400字程度でまとめてみましょう。

	質問	答え	見つけた手順と情報元となったWebサイト
1	物体の落下の法則を発見したガリレオ・ガリレイが教員として教えたことのある大学の名前		
2	βカロテンの化学式と分子量		
3	ギリシャ語（Greek）で「コンピュータ」はどのように書くか		
4	日本において，1947年（昭和22年）から2011年（平成23年）の間で，人口の自然増加数（出生数と死亡数の差）がマイナスとなった年		
5	有賀妙子，吉田智子，大谷俊郎著『改訂新版　インターネット講座』を所蔵している大学図書館の数		
6	宮沢賢治の童話「狼森と笊森，盗森」に出てくる盗森のある県とは		
7	2013年6月発表のスーパーコンピュータ（スパコン）の性能ランキングで，世界1位になった「天河2号」のOSの名前とは		
8	米アーモスト大の“Beneski Museum of Natural History”のBeneskiという名前の由来とは		
9	2016年以降のオリンピックの開催都市（冬季オリンピックの開催場所についても調べてください）		
10	トランジスタの発明で，ノーベル物理学賞を受賞した3人がトランジスタの発明時に所属していた会社（研究所）とは		

COLUMN - 3

情報受動の時代の到来
～情報検索，共有，自動配信～

巨大なインターネット空間には，膨大なWebページが存在します。関連する情報同士はハイパーリンクで結ばれており，キーワードを1つ打ち込むと次々に情報を探し出すことができます。そして情報の収集方法は時代とともに進化しています。

当初，入り口の役目を担う「ポータルサイト」であらかじめ項目で分類された「ディレクトリ検索」が主流であり，その後，検索エンジンに直接キーワードを入力し，合致するページが検索結果として表示される「全文検索」が一般的な検索サービスの代表となりました。それは，今必要な情報を探す方法であり，巨大な図書館で所蔵されている書籍を探し出すことに似ています。

また，お気に入りのWebサイトをブックマークなどに登録しておき，定期的に巡回して情報を得る方法もあります。さらに，Webサイトの見出しや要約などのメタデータを利用するRSSの情報を使えば，更新されるごとに自動的に知らせを受け取ることができるので，効率よく最新の情報を集められるようになりました。しかし，巡回するサイトの数が多くなると，当然確認にも時間がかかります。情報を収集することが容易になったことで，あまりにも膨大な関連情報が集まるため，今度はそれが本当に自分に必要な情報かどうかを精査して選別する作業が必要になったわけです。

そこで現在は，選別の判断基準としてサービス内での一般のユーザのクチコミやレビューなどのCGM，集合知コンテンツ，お気に入りのユーザや友人のSNSなどから共有された内容を情報源とすることや，それらの情報の収集，編集，まとめを発信するキュレーションサービスなども増えてきました。つまり，情報検索の時代から，情報共有の時代へと進化したとも言えます。

さらに最近では，自分がSNSに書き込んだ内容や検索履歴，商品の購入履歴，位置情報など登録・利用しているWebサービスのデータをもとに，ユーザごとに興味を分析し自動で情報が配信されるWebサービスやアプリケーションも登場しています。自分の過去の利用履歴（ログ）をもとに検索結果や広告が表示されるため，Webサービスへの情報発信量が多ければ多いほど，必要な情報により効率的に到達できるしくみになっているのです。それらは的確なレコメンド（調整，選別）となる場合もあれば，寄り道となる場合もあります。

これらは便利なサービスではありますが，最終的には情報の利用者が，情報の正確

図　ソーシャル・ネットワーキング・サービス Facebook

性の検証や選択の判断など自分自身の情報分析力を高めていくことが大切であることには変わりありません。

4章 Webページの批判的閲覧

3章のWebページの特性のところで，Webページは校閲過程が存在しないこともあると書きました。そのため，書き手以外誰の手も加えられていない生の情報が発信できるという長所がある一方，情報の質にばらつきが生じたり，非常に読みづらい状態で公開されてしまうことをはじめ，数々の短所もあります。これに対処するためには，読み手自身がページを批判的に読む力をもつ必要があります。

そこでこの章では，Webページの評価基準とともに，Webページを利用するための批判的な視点について解説します。

4.1 Webページを批判的に読む

critical（クリティカル）という単語を知っていますか。一般には「批判的な」という日本語に訳され，マイナスのイメージがあります。しかし，英語では，critical writerが「評論家」，critical readerが「批評力のある読者」となります。ここではまず，「批判的に読む」という意味から説明していきましょう。

4.1.1 批判的な評価の意味

「批判的」とは，欠点や不備をあら探しするのではなく，適切な基準や根拠に照らして論理的に見ることです。Webページとして満たすべき基準をもとにWebページを読み，その内容の妥当性，信頼性を考えることです。

Web上には，膨大な情報が発信者の区別なく提供されています。権威や組織の大きさとは無関係に，個人にも平等に情報発信の機会があるわけですが，反対に誰も提供されている情報の内容を保証してくれません。読み手自身が，その情報の質を判断して，取捨選択する必要があります。さらに，非常に利用しづらい形で情報が提供されるケースにも，読み手自身が対応しなければいけません。

一方，従来のメディア，たとえばテレビ，ラジオ，新聞，書籍などで提供される情報は，情報発信者が内容を保証すると同時に，受け取り側がよりスムーズに情報を受け取れるように，提供方法がよく工夫されています。たとえば，新聞記事には，本文以外に，大見出し，小見出し，リード文がつけられ，必要なら写真や図を使って，内容をより理解しやすいようにしています。雑誌の対談記事にしても，対談をテープに録音したまま文字に置き換えただけでは，非常に退屈な記事になってしまうために，小見出しをつけたり，会話に手を加えたりというテクニックが使われています。テレビ番組でも，必要に応じて字幕を入れる工夫がされています。

このような従来のメディアと比べて，Web ページの情報の提供方法や情報の内容は，生の情報であることが多いことからも，有害情報が含まれる可能性があります。さらに，情報の受け取り側に負担をかけることも高い頻度で発生するため，批判的に読む必要性がとても高い情報源なのです。

4.2 Web ページの評価基準

読み手の感性だけに任せていたのでは，Web ページを批判的に読むことは難しいでしょう。なんらかの基準に照らし合わせてみることで，「なんとなく，変だと思ったのはこういう理由だったのか」というように原因がわかり，問題に対して理由づけすることで，他人を説得することも容易になります。

Web ページは情報提供型，自己主張型，商売型，娯楽型などに分類されます。本書では，Web ページを情報収集の手段として考えており，ここでは特に「情報提供型のページ」の評価基準を示します。この基準に基づいて，Web ページを批判的に読むためのチェックリストを表 4.1 に用意しました。このチェックリストの設問について補足しておきましょう。

4.2.1 領域，範囲

ページに含まれる内容は何か，つまり提供される情報の目的，分野，概要などがページの冒頭で明確に述べられているでしょうか。印刷物同様，「はじめ

表 4.1　Web ページを批判的に読むためのチェックリスト

チェックした Web ページの場所

領域／範囲	（1）タイトルはあるか？	はい　　いいえ
	（2）内容の概略が冒頭に明確に述べられているか？	はい　　いいえ
	（3）このページは誰に対するものか？	専門家　学生　一般人 その他　不明
	（4）書かれた目的は何か？	解説　宣伝　教育　事実伝達 その他　不明
	（5）このページは著者のオリジナルか？	はい　いいえ　不明
出所／姿勢	（6）このページはどこかの組織が出しているものか？　それはどこか？	はい　いいえ　不明 （　　　　）
	（7）著者の経験，専門分野，所属，立場がわかるか？　それは何か？	はい　いいえ　不明 （　　　　）
	（8）著者の経験，専門分野がわからない時，著者はこの情報を提供するのに十分な知識をもっていると思うか？　それはなぜか？	はい　いいえ　不明 （　　　　）
	（9）著者にコンタクトがとれるか？　その手段は？	はい　いいえ　不明 （　　　　）
	（10）著者に読者からのコメントをメールで聞く姿勢があるか？	はい　いいえ　不明
	（11）そのページの著者は読者の投稿を受け付けているか？	はい　いいえ　不明 （　　　　）
内容	（12）更新日付が明確か？　それはいつか？	はい　いいえ　不明 （　　　　）
	（13）頻繁に更新されるべき内容か？ それとも変更する必要のない情報か？	更新の　必要あり　必要なし
	（14）わかりやすい見出しがついているか？	はい　　いいえ
	（15）適切な長さのパラグラフに分けられているか？	はい　　いいえ
	（16）各文の長さは適当か（100 文字程度まで）？	はい　　いいえ
	（17）使われている用語は，対象としている人に対して，適切な難易度か？	はい　　いいえ
	（18）文法的誤り，漢字の誤りがあるか？ その例は？	はい　　いいえ
	（19）画像がまったく表示されなくとも，目的とする情報は伝わるか？	はい　　いいえ
	（20）リンクの張り方は適切か？	はい　　いいえ
	（21）外部のサイトへのリンクであることが明確か？	はい　　いいえ
	（22）古いリンクが放置された部分があるか？	はい　　いいえ
	（23）そのページには，読者からの投稿，レビューなどが含まれているか？	はい　　いいえ

デザイン／構成	(24) ブラウザの幅を広くしたり，狭くしたりしてもうまく表示されるか？	はい　いいえ
	(25) 視覚的効果は，情報を補強するものになっているか？	はい　いいえ
	(26) 画像のあるページの場合，それはこのページに必要なもので，プラスに働いているか？	はい　いいえ　イメージなし
	(27) インターラクティブ性のあるページの場合，それはこのページに必要なもので，プラスに働いているか？	はい　いいえ　インタラティブ性なし
	(28) 構成するページ間の移動方法（ボタン，リンクなど）は，わかりやすいか？	はい　いいえ
★	(29) 項目別情報，日付別情報など系統だった枠組みが提供されているか？	はい　いいえ
★	(30) ページのなかの情報を検索する手段が提供されているか？	はい　いいえ
環　境	(31) あなたの使っているコンピュータ（オペレーティングシステム）は何か？	Windows 系　MacOS　Unix 系 その他（　　　）
	(32) あなたの使っているブラウザは何か？ そのバージョンは？	
	(33) インターネットへのアクセス方法は何か？　そのスピードは？	専用線接続　常時接続　電話／モデムでの回線接続 スピード（　　　bps）
	(34) あなたの今使っている環境でのアクセスは十分速いか？	はい　いいえ
	(35) このページは特定の環境を前提に作られているか？　その環境とは何か？	はい　いいえ　不明 （　　　）
あなたの主観	(36) このページの文調は好きか？ それはなぜか？	はい　いいえ 理由：
	(37) ページのデザイン，背景，画像の使い方は気に入ったか？ それはなぜか？	はい　いいえ 理由：
	(38) このページが好きか？ それはどうしてか？	はい　いいえ 理由：

★ 10 ページ以上の大きなページに対してのチェックポイント

に」といった導入部分を通じて，ページ自体の情報が明示されることが望ましいでしょう。そこには，内容の範囲，詳細度，情報の時期（特定の時期に限定された情報の場合）なども あると便利です。この部分から，ページの目的や対象読者が伝わってくれば，これらが明確に述べられているといえます。

さらに，領域や範囲が記載された部分から，

- そのページが述べようとしているのは，事実なのか意見なのか
- オリジナル情報か，別の資料からの抜粋か，別のページへのリンク集なのか

といったことがわかります。

このような情報は，ページを開いた者にとって，ページを読むか読まないか，読むとしたらどういうつもりで読むかの判断材料になります。

4.2.2 出所，姿勢

3章のWebページの特性で述べたように，Webページ公開には，著者の肩書きは必要ではありません。そのため，著者が誰であり，どのような意図や立場でそのWebページを公開しているのかという点を，あえて明らかにする必要性が高いこともあります。定評のある組織，専門家によるものか，個人によるものかで信頼性は変わります。個人によるページが信頼できないことはありませんが，著者の経験や立場などが記載されていると，読者は情報に対する信頼度の判断がしやすくなるでしょう。

また，著者にコンタクトをとるための情報（電子メールアドレスや連絡先など）が記載されているでしょうか。これは読者が内容を確認したり，さらなる情報を得るために有用であるばかりではなく，著者にとっても読者からのフィードバックを得るための有効な手段となります。読者からのコメントを聞いてページ内容をさらによいものにしていこうとする姿勢があるかどうかです。ただし，テーマによっては，こういう姿勢をもつ必要がないこともあります。

さらに，近年，WebページはCGM（Consumer Generated Media）と呼ばれる，インターネットなどを活用して消費者が内容を生成していくメディアとしての一面ももちますから，そのようなページであるかどうかの確認も大切になります。

4.2.3 内容

定期的に更新が必要な内容でしょうか。それとも一度書けばずっと使える情報でしょうか。いずれにしても，更新日時が明確にされていないと，読者が内容の「鮮度」を確かめられません*1。印刷物では通常，本文以外の部分（発行年月日）で明らかであり，しかも内容は変更されないため，著者自らが意識することは少ないのですが，Webページはこの点が特に重要です。

＊1：ブラウザのドキュメント情報表示機能を使うと，HTMLファイルの更新日時を見ることができますが，これはHTMLファイルの内容を実際に制作した日付とは限りません。

情報提供型のページでは，やはり文字が情報伝達の中心になります。画面で文章を読むのは，印刷物を読むよりも忍耐が必要です。画面で読む時に，少しでも読みやすい文章で書かれていることは，ページの質を高めます。そのため，適切な長さのパラグラフ，文，見出し，使用用語などが評価基準として重要になります。

画像や音声，映像など印刷物にはない表現手法をもつWebページですが，読者のマシン環境によっては，著者の意図どおりのものが伝わらないこともあります。文字以外のメディアがまったく機能しなくとも，目的とする情報が伝わるような工夫が必要になります。

また，関連文書へのリンクはWebページの重要な特性の一つです。読者にとって必要な情報にリンクされていればいいのですが，ページ内容にとってそれほど重要でないリンクに知らないうちに飛んでいたということもありえます。リンクの張り方は適切でしょうか。すなわち，リンク先は最もふさわしいページの，最もふさわしい位置に設定されているでしょうか。そしてそのリンク先が，同じ著者の別のページなのか，それとも別の著者のページ（外部サイト）へのリンクなのかが，明確になっているでしょうか。

クリックしたらページがなかったということは，多くの人が経験していることでしょう。これはリンク先のURLが変更された場合に起こります。古いリンクが放置されているページは，著者が書きっぱなしで保守を怠っていることを示していて，信頼性に欠けます。

ページの出所や著者の姿勢などで，ページの信頼性はある程度判断できますが，ページ内容の正確さは，読者自身が別の資料や自分の知識でチェックする以外，確かめる方法はありません。

なお,「外部のサイト」というのは「あなたが作っているWebページ以外」と考えればよいでしょう。

さらに,「出所／姿勢」の項でも述べたように,近年のWebページはCGM（消費者が内容を生成していくメディア）である場合も多いため,そのページの内容が読者の投稿やレビューで構成されているページかどうかの見極めも,非常に大切です。

4.2.4 デザイン，構成

前から後ろへ読んでいく順序どおりの構成に加え,Webページはリンク機能を使っての立体的な構造をもちます。それが構成を単に複雑にするのではなく,理解を助けるものになっている必要があります。そのためには,そのサイトのページがどのような構成になっているかがわかるような手段（サイトマップ）が提供されている必要があります。また,トップページへの移動,前後ページへの移動の過程で,読者が「迷子」にならないような配慮がなされているでしょうか。

多くのページを含むWebサイトでは,ページ間の関係が深く,複雑になりがちです。求めるページに行き着くのに何度もクリックして別のページを経なければならないこともよくあります。サイト内のページを検索するための検索エンジンや索引が提供されていると,知りたい情報をすばやく見つけることができます。

また,Webページには色や絵など,文書を飾る要素が簡単につけ加えることができ,画像や音声,映像も貼りこめます。そのため,ページのなかには「マルチメディア盛りだくさん」といったページもあります。それらが力作であるからといって,効果的であるとはかぎりません。あるサイトにアクセスして,トップページが表示されるまでに30秒も待ったけれど,表示されたのは「立派な」写真だけで,もう一度クリックしないと見たい情報が表示されなかったとしたら,どうでしょう。情報提供型ページとしての質はどう評価できるでしょうか。画像や音声,映像の視覚的,聴覚的効果は,ページが目的とする情報を補強するものでなければ逆効果です。

なお,インタラクティブ（interactive）とは,「対話式の,双方向性の,相互に作用する」という意味で,つまり,利用者側が何か情報を入力することで結果が戻されるしくみをもったページのことです。

通常,CGIやJavaScript（後述）を利用することで,インタラクティブ性のあるページが作れます。

4.2.5 環境

Webページの場合，読者がどのような環境でページを読むかは想定できません。そのため，特定のマシン環境（オペレーティングシステムやブラウザ）を前提としたページは，それ以外の環境の読者には役立ちません。特定の環境を前提としたページは，情報を提供する姿勢という点で望ましくないでしょう。「前提としている環境」を明記しているページがありますが，その著者はそれ以外の読者を無視していることになります。自分の楽しみだけのページであればそれでもいいでしょうが，広く情報を提供するページでは，特定の環境の読者だけを対象とするのは目的に反します。

表4.1のチェックリストでは，自分のマシン環境を確認するための項目を設けています。これらはWebページそのもののチェック項目ではありません。自分のマシン環境やネットワーク環境を意識したうえで，Webページをチェックしてみようというものです。チェックしようとするページは，あなたの環境では，イメージやプログラムなどを含めて見やすく表示されるでしょうか。

なお，ネットワークのスピードは，bps（bit per second；1秒間に通信できるビット数）という単位で表されます。あなたの環境が何bpsの回線を使っているのかを，把握することは大切です。

4.2.6 あなたの主観

チェックリストには，あなたの主観に関する項目があります。主観自体は，批判的評価基準ではありませんが，編集者の立場に立って意見を述べる目的で，これらの項目を入れました。

多くのWebページ（特に個人発信のもの）は，他人の編集・校正過程を経ていません。あなたが編集者になったつもりで，著者にコメントしてあげましょう。他のWebページを見た時の印象をことばで書き留めることで自分の主観を客観視し，編集者としてのセンスを鍛えてみましょう。自分がページを制作する際には，編集者としてのセンスが要求されます。

《演習問題》

百科事典（印刷物）と Web 媒体の内容について比較してみましょう。

編集に読者が参加でき，善意を前提にした集合知として Web 上の百科事典の機能をもつ Wikipedia と，歴史をもつ出版物である百科事典との間で，同じ項目に対する記述内容を比較してみましょう。

■印刷物：ブリタニカ国際大百科事典（日本語版）の大項目を利用

オンライン版のブリタニカ事典［ブリタニカ・オンライン・ジャパン］が，多くの大学において，キャンパス内で利用できます（大学図書館が契約しているため，大学内のコンピュータから利用可）。ブリタニカ・オンライン・ジャパンには，主に次の内容が含まれています。

1）ブリタニカ国際大百科事典　大項目事典の項目 2,000 以上
2）ブリタニカ国際小百科事典　小項目事典の項目 154,000 以上
3）ブリタニカ国際年鑑の特集記事，人間の記録，各国情報

項目名検索で，対象項目を閲覧してください。その時，検索結果が大項目事典のものであることを確認して，内容を閲覧してください（項目内容が表示されている画面で，上部メニューの［この項目を印刷］で，内容全体が印刷できます）。

■ Web 媒体：https://ja.wikipedia.org/ の結果を利用

1．まず，以下の 10 個のキーワードのそれぞれの文字の量（文字数）を比較してみましょう。

キーワード名	印刷物	Web 媒体
(1) 天国		
(2) 三位一体		
(3) 内村鑑三		
(4) パウロ		
(5) 教会法		
(6) 悪魔		
(7) 天国		
(8) 聖書		
(9) イエス・キリスト		
(10) キリスト教		

2．次に，（1）から（10）のキーワードから1つを選んで，それぞれの説明文の内容を比較してみましょう。
g. から j. までは，各自で比較ポイントを追加してください。

選んだキーワード名：

比較ポイント	印刷物	Web媒体
a．内容の正確さ／誤り		
b．必要な情報の網羅／不足		
c．構成の適切さ		
d．説明で使用される用語の適切さ		
e．読みやすさ		
f．想定されている読者のレベル		
g．		
h．		
i．		
j．		

3．比較結果の発表資料を作ってみましょう。
いずれか1つのキーワードの比較結果について，5分程度のプレゼンテーションができる資料を作ってみましょう。

Web ブラウザの誕生と発展

「インターネットする」という動詞を耳にすることがあります。多くの場合,「Web ブラウザを使って，Web ページを検索したり，読んだりすること」の意味で使われています。「インターネットはネットワークのネットワークのこと」だと正確にことばの意味を理解している人には，違和感があるでしょう。「インターネットする」が一般に通じるのは，つまり，それだけブラウザ，Web ページのインパクトが大きいことを表しています。

世間にこのインパクトを最初に与えたのが，NCSA Mosaic という Web ブラウザで，現在の Firefox の先祖にあたります。これは，1993 年にイリノイ大学の NCSA（National Center for Supercomputing Applications）でアルバイトのプログラマとして働いていた学生（マーク・アンドリーセン）が，WWW（World Wide Web）のしくみを実現するソフトウェアとして開発したものです。それまであった Web ブラウザは研究者向けでインストールがむずかしいなどの問題点がありましたが，それを改善したものでした。さらに，テキストと画像が同じ画面に表示できる初めてのブラウザでした。

同時期にインターネットの商用利用が解禁されたことも追い風となり，NCSA の Mosaic は，UNIX 系 OS 版，Macintosh 版，Windows 版とともに世界中に普及しました。

マーク・アンドリーセンは 1993 年 12 月に，SGI（シリコングラフィックス）社の創立者のひとりであるジェイムズ・クラークと会社を設立しました。最初，この会社は Mosaic Communications Corp. と名づけられましたが，イリノイ大学以外で Mosaic の名前を使えないことになり，Netscape Communication Corp. と変わりました。Netscape Navigator は低価格あるいは無料で提供され，多くの人に使われて WWW の世界を広げていきました。WWW ブラウザのマーケットシェアをほとんど独占したのです。

ここで，黙っていられないのがマイクロソフト社です。自社のブラウザ Internet Explorer（IE）をひっさげて，シェア獲得に乗り出してきました。Windows OS に IE をはじめから入れるなどの方法で，Netscape Navigator のシェアを一気に奪ってしまったことは，一般新聞でも記事になりました。2000 年には，IE がブラウザのシェアのほとんどを獲得し，Internet Explorer の勝利に終わりました。これが「第一次ブラウザ戦争」と呼ばれました。

さて，WWW の世界は，「使っているコンピュータに関係なく同じ情報を共有する」という考えが基本になっています。ブラウザの開発者もページの制作者も，同じ HTML 規約を使うことが求められています。しかし，ブラウザ競争の激化によって，IE は，ブラウザ独自の仕様，独自の HTML タグを追加し，HTML 標準化団体である W３C（ダブリュー・スリー・シー）（World Wide Web Consortium）の規格に準拠しないブラウザとして有名になります。

その一方で，Netscape Navigator の流れをくむ Firefox や，グーグル社が 2008 年に公開した Google Chrome というブラウザなどは，W３C の規約にも忠実で，さらにソースコードが公開されたオープンソースのブラウザとして，シェアを伸ばしています。

2014 年 1 月の時点では，日本においてはまだまだ IE のシェアがトップであるものの，世界的なシェアは，Google Chrome，IE，Firefox の順になっています。現在のこのシェア争いは，「第二次ブラウザ戦争」とも，「第三次ブラウザ戦争」とも呼ばれています。

どのブラウザを使っていたとしても，「使っているコンピュータに関係なく同じ情報を共有する」という WWW の基本を今後も大切に守っていくことが大切でしょう。WWW のしくみも，HTML 記述の規則も公開されているインターネットの世界では，ブラウザ開発者やページ制作者がその基本を守っていれば，1 種類の HTML 記述が複数のブラウザで問題なく読むことができるからです。今後，どのようなブラウザが主流になったとしても，利用者である私たちが，この考え方を大切に守る義務があるのです。

制作編

5章 Webページの企画・デザイン

Webページはオンラインで提供され，主に画面上で読むという性質上，印刷物を制作するのとは違う手法，技法，考慮点があります。

この章では，Webページの企画ならびにデザイン（設計）について考えましょう。

5.1 制作のプロセス

Webページを作る際，それが1枚のページだけからできていることは，まれです。通常複数のページが集まって，何かを伝えるまとまりのある情報となります。複数のページのまとまりを「サイト」，個々のページを単に「ページ」と呼びます。Webページを作るとは，実際は複数のページから構成されるサイトを作ることです。

制作は図5.1に示すような流れで進みます。

- 企　画……どのようなページを作るか目的を明確にし，全体の計画をたてる
- 調査／データ収集……ページに載せる内容に関連した資料やデータを収集する
- サイト設計……サイト全ページの構成，機能，関連を決める（→ 5.3節）
- ページデザイン……個々のページのレイアウト，構成要素を決める（→ 5.4節）
- ページ作成……画像などの構成要素を用意，編集し，HTML言語でページを作る（→ 6章）
- テスト・評価……サイト全体がデザインどおりに機能するかテストし，目的に合致しているか評価する（→ 7.2節）
- 公　開……Webサーバに制作したページを置く（→ 7.3節）
- 保　守……内容の更新，リンクのチェックなど「活きた」情報を維持す

る（→ 7.4節）

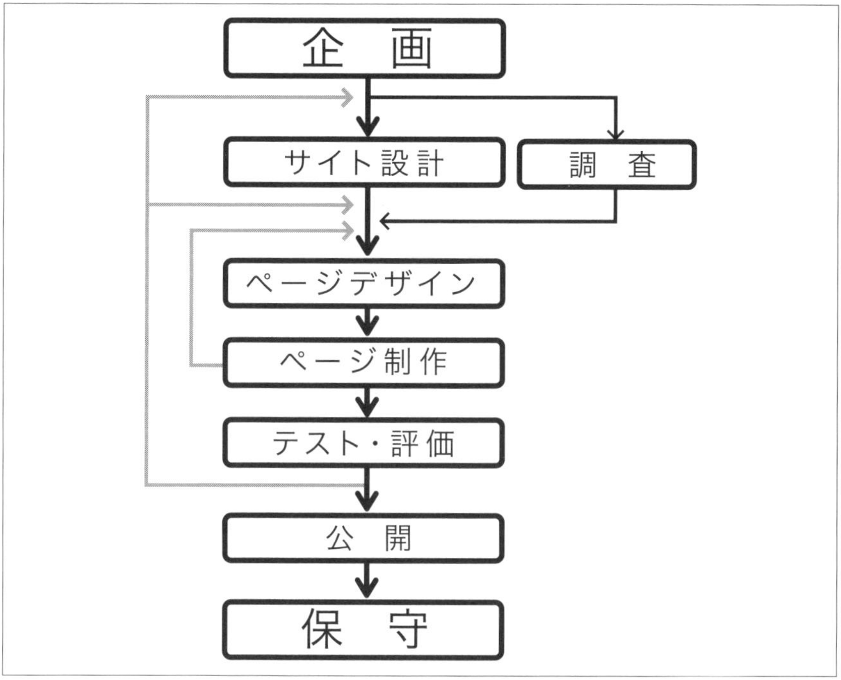

図 5.1　Web ページ制作の流れ

5.2 Web ページの企画

まず企画を行います。最初にページの目的を認識することが大切です。誰を対象に，何を伝えたいのか目的を明確にすることが，成功のカギとなります。

企画プロセスの助けとなる企画ワークシート（表 5.1(a)）を用意しました。サイトの内容，構成だけでなく，時間的な制約，優先順位も確認していきます。

表 5.1(a)　Web ページ企画ワークシート

<table>
<tr><td rowspan="4">主題／目的</td><td>主題（テーマ）は何か？</td><td></td></tr>
<tr><td>書かれる目的は何か？</td><td>解説　宣伝　教育　事実伝達　その他（　　　　　）</td></tr>
<tr><td>誰を対象とするか？</td><td>一般　学生　友人　男性　女性
共通の興味をもつ人
特定のグループ（そのグループとは：　　　　　）
その他（　　　　　　　　　　）</td></tr>
<tr><td colspan="2">何を一番伝えたいか？</td></tr>
<tr><td rowspan="2">構成</td><td colspan="2">ページを構成する具体的内容の項目</td></tr>
<tr><td>表現手段は何か？</td><td>文章　画像　音楽　映像
その他（　　　　　　　　　　）</td></tr>
</table>

出所／姿勢	オリジナル情報を含む予定か？	yes　no
	オリジナル情報の入手方法は？	インタビュー　アンケート　実体験 その他（　　　　　　　　　　）
	制作者の所属，専門分野，連絡先などを明らかにするか？	yes（何を：　　　　　　）no
	公開する前に他人の許可／報告が必要か？	yes（誰に：　　　　　　）no
制作予定／担当者	完成予定時期	
	公開予定時期	
	制作者名（代表者名の前に◎）	
	公開までに必要なのべ時間見積もり	
	制作場所と制作環境	
	公開環境（サーバ情報）	
	公開後の保守体制と担当	
著作権等	他人の著作権を侵さない内容か？	yes　no
	参考文献，引用文献を記載するか？	yes　no
	フリー素材を使用しているか？	yes　no
	他人や自分のプライバシーを侵すことはないか？	yes　no
	ライセンスを設定，掲示するか？	yes　no
	法律，公序良俗に反する内容はないか？	yes　no
優先したい点	完成・公開の時期を守ること オリジナル情報の提供 構成，文章に凝ること ページの視覚的デザイン 公開後の保守重視 その他のこだわり（　　　　　　　　）	低　←優先度→　高

表 5.1(b)　企画ワークシートの記入例

主題／目的	主題（テーマ）は何か？	桜の現状と保護
	書かれる目的は何か？	(解説)〔○印〕 宣伝　教育　事実伝達　その他（　　）
	誰を対象とするか？	(一般)〔○印〕 学生　友人　男性　女性 共通の興味をもつ人 特定のグループ（そのグループとは：　　） その他（　　）
	何を一番伝えたいか？	桜の木は四季により姿を変え、自然の営みの強さと美しさを感じさせてくれる。しかしマンションやビルの建設で古くからあった桜の木が容易に切られている現実がある。日本での桜の種類や名所を把握した上で、筆者の桜を守るささやかな活動を報告したい。
構成	ページを構成する具体的内容の項目	・筆者と桜（筆者が桜保護と係わるようになった経緯） ・桜の姿 1. 桜の種類 2. 桜の名所情報、マップ 3. 桜の写真 4. 桜の音楽 5. 桜の映像 ・桜を守ろう 1. 桜の現状 2. 全国の桜を守る会の紹介 3. 筆者の桜を守る活動 ・桜に関するリンク集
	表現手段は何か？	(文章)(画像)(音楽)(映像)〔○印〕 その他（　　）

出所／姿勢	オリジナル情報を含む予定か？	(yes)〔○印〕 no
	オリジナル情報の入手方法は？	インタビュー　アンケート　(実体験)〔○印〕 その他（　　）
	制作者の所属，専門分野，連絡先などを明らかにするか？	(yes)〔○印〕（何を：所属する桜保護団体の連絡先）　no
	公開する前に他人の許可／報告が必要か？	(yes)〔○印〕（誰に：桜保護団体メンバーの承認）　no
制作予定／担当者	完成予定時期	8月末
	公開予定時期	9月末
	制作者名（代表者名の前に◎）	◎高峰八重、深山大
	公開までに必要なのべ時間見積もり	4時間 × 10日
	制作場所と制作環境	大学演習室、自宅
	公開環境（サーバ情報）	レンタルサーバを契約、ドメインも取得
	公開後の保守体制と担当	月に1回程度を予定、制作者2人が担当
著作権等	他人の著作権を侵さない内容か？	(yes)〔○印〕 no
	参考文献，引用文献を記載するか？	(yes)〔○印〕 no
	フリー素材を使用しているか？	yes (no)〔○印〕
	他人や自分のプライバシーを侵すことはないか？	(yes)〔○印〕 no
	ライセンスを設定，掲示するか？	(yes)〔○印〕 no
	法律，公序良俗に反する内容はないか？	(yes)〔○印〕 no
優先したい点		低 ←優先度→ 高
	完成・公開の時期を守ること	─┼─⊕─┼─
	オリジナル情報の提供	─┼─┼─⊕─
	構成，文章に凝ること	─⊕─┼─┼─
	ページの視覚的デザイン	─┼─⊕─┼─
	公開後の保守重視	─┼─⊕─┼─
	その他のこだわり（桜についての知識の提供）	─┼─┼─⊕─

5.2.1　主題，目的

制作にあたって明確にすべき，一番重要な事項です。

(1) 主題は何か？

何をテーマとしたサイトなのかを明確にします。ページタイトルになるような短い言葉で表します。

(2) 書かれる目的は何か？

同じ主題でも，書く目的によってその構成，内容は異なってきます。情報提供の目的を明確にします。

- 解説……ある事柄や知識を説明する
- 宣伝……自分や組織，あるいは物やサービスについて知ってもらう
- 教育……ある事柄を教える，自己学習や遠隔教育の教材を提供する
- 事実伝達……連絡，ニュースの掲示

(3) 対象読者は誰か？

このサイトは主に誰を対象とするのでしょうか？

・仲間内か（組織内の人か），違うか
・性別，年齢，特徴（特定のグループ）は？
・内容について，前提知識があることを想定するか
・頻繁にアクセスする人か

サイトを訪れる読者の目的や期待を知らないで，デザインすることはできません。それにより，全体のデザイン（構成やナビゲーション方法），内容の難易度，言葉使いなどが変わります。関連知識のない読者向けには特別な内容（たとえば，用語集）が必要かもしれません。

（4）何を一番伝えたいか？

前述した主題，目的，対象読者を前提に，サイトの最終的な目標を簡潔な文章にまとめます。これはデザインの基礎になるとともに，完成時に目標を満たしているかの検討をする基礎になります。

主題をどう扱うかを具体的に記述するのであり，主題と同じではありません。たとえば，「桜の現状と保護」を主題とすると，表5.1(b)のように，伝える内容を文章化します。

5.2.2　構成，技術

目標を達成するためのおおまかな内容を考えます。ここから，調査すべきことが明らかになります。

（1）ページを構成する項目は何か？

どのような項目を含めるかを決めます。内容をリストアップすることで，サイトのページ構成，調査する内容が決まります。

「桜の現状と保護」のサイトを例にすると，表5.1(b)のようになります。

（2）主な表現手段は何か？

文章は欠かせない表現手段ですが，それ以外にサイトの目標のためにどのような表現手段を使うかを考えます。合わせて，それら素材の調査，作成の必要性を検討します。

5.2.3　出所，姿勢

提供する情報をどこから得るかを考えます。また，情報提供にあたり，制作者に関する情報をどの程度示すかを考えます。

(1) オリジナル情報か？

情報を収集してまとめるのか，それとも独自の調査（アンケートや聞き取り調査など）に基づく情報を提供するのかにより，制作までの準備が異なります。独自の調査結果がオリジナルな情報（一次資料）です。これに対し，一次資料を収集して加工したもの，一次資料をコンパクトに再編集した情報を二次資料といいます。桜のページを例に考えてみます。

・桜にまつわる故事を調べて，それを参考に自分なりにまとめた。
　→本など他の資料をまとめただけなので，オリジナルではない。
・桜の種類を調べて，それを参考に自分なりにまとめた。
　→図鑑で調べたならオリジナルでない（二次資料）。
　　実物を調べたならオリジナルである（一次資料）。
・地域の桜地図を作り，周辺情報とともにまとめた。
　→実物を調べ，整理したので，オリジナルである（一次資料）。

他の資料から情報を得る場合，その信頼性を考えましょう。それが二次資料の場合には，一次資料を調べる必要もあるでしょう。

(2) オリジナル情報の入手方法は？

オリジナル情報はどのように得る予定ですか。誰かにインタビューする，あるいはアンケート調査をするなら，その実施も合わせて計画します。

(3) 制作者の所属，専門分野，連絡先などを明らかにするか？

4章で述べたように，読者がWebページ内容の信憑性を判断する材料として，このような情報は必要です。もちろん，履歴書のように個人情報を全部開示するという意味ではありません。読者の参考となるように，制作者のどんな情報を載せるかを考えます。

また，Webページは一方通行の情報提供ではなく，読者からのフィードバックを得て，内容を洗練していくものです。意見を聞き，提供情報の責任を意識するという意味からも，最低限メールアドレスは記載します。

Webページを公開したいと思っている組織や人から依頼を受けて制作をする場合は，依頼主の担当者（部門）のメールアドレスを記載します。

(4) 公開する前に許可が必要か？

組織を代表するようなサイトの場合，組織の管理担当者に公開と内容の確認をとる必要があるでしょう。必要なら，それは誰かを確認します。組織内でそのような許可が必要とされていない場合でも，報告しておいたほうがいいということもあるでしょう。

(5) その他

Webサイトより個人情報（氏名，メールアドレス等）を取得する場合は，取り扱いについての利用規約，プライバシーポリシーを取り決め，条件によってはユーザに方針を明示する必要があります。

ECサイト（通信販売）を制作する場合には特定商取引法の規制，義務を受けます。商品の表示に関しては景品表示法による規制，さらに商品種類によっては，食品は食品衛生法，医薬品は薬事法など各種の業法の規制があります。

5.2.4 制作予定，担当者

日程的，人的な計画をたてます。

(1) 完成予定時期

いつまでに制作するのかの予定をたてます。完成までに費やせる時間を見積もる元となります。公開予定時期が先に決定されていて，それに合わせて完成の予定が決まることもあるでしょう。

(2) 公開予定時期

いつ公開するのかの予定をたてます。完成と公開がほぼ同時のことも多いでしょうが，サイトの内容や組織の全体計画などとの関係で，変わる場合もあります。

(3) 制作者名

制作に携わる人は何人で，それぞれどの程度の知識，技術レベルをもっているのかを確認します。制作にかかる期間や時間に関係します。

(4) 公開までに必要なのべ時間見積もり

目標を満たすサイトを制作するのに必要な時間を見積もります。制作者人数や完成予定時期が制約となって，必然的に決まることもあります。

(5) 制作場所と制作環境

どこで，どのコンピュータ，ソフトウェアを使って制作するかを考えます。企画者が使えると思っていても，実際は使用できないこともありますので，使用できる時間，環境を確認します。

(6) 途中レビューの時期と回数

制作の途中で，内容や進み具合（進捗）をチェックすることをレビューといいます。内容が目標からずれたり，制作が著しく遅れていないかなどを確認し，問題があれば解決方法を考えるためのものです。定期的に行うことも，制作プロセスの区切りで行うこともあります。

(7) 公開環境

制作するサイトの公開に関して準備と確認を行います。サイトを一般に公開するには Web サーバにアップロードする必要があります。

サイトの仕様に合わせた必要条件を決定し，利用できる Web サーバに関して調整，またはレンタル契約，候補の選定の確認を行います。

(8) 公開後の保守

Web ページでの情報提供は継続的な行為です。制作し，公開すれば終わりではなく，その後も継続的な内容更新があってこそ，活きた情報となります。そのための体制，担当者などを検討します。

5.2.5 著作権等

著作権にはさまざまな権利が含まれており，その主なものは著作者人格権，著作財産権，著作隣接権の3つです。

デジタル・インターネット上のコンテンツは複製および改変が容易であり，ネットワークを通じて瞬時に取得，配布が可能であり，オリジナルと複製物の特定が困難であるという特徴があります。

アナログコンテンツとは違ったこのような特徴から，デジタル著作物の使用に際しては意図的に著作権を侵害するつもりはなくとも，著作者に対して損害を与える行為をしてしまう可能性もあります。

無料素材として配布されているコンテンツにも権利に関する記述，ライセンスがありますので使用する際は条件を確認する必要があります。

その他，制作物でなくても，画像等のコンテンツに含まれるパブリシティ権，肖像権，プライバシー権への配慮，注意も必要です。

他人の著作権，プライバシーを侵さないことは Web ページを制作するうえでの鉄則ですが，改めて確認します。

(1) 他人の著作権を侵さない内容か？

Web ページの制作者は常に知的所有権のことを念頭におかなければなりません。他人の著作物（文章，画像，映像，音声など）を使う場合には，著作者の同意を得て，ページ上にその旨を記載します。

企画した内容に関して，この質問に「yes」と答えられないようであれば，その内容を変更するか，著作者の許可を得るかします。

(2) 参考文献，引用文献を記載するか？

文章の短い引用には特に許可は必要ありませんが，引用元は明記しなければなりません。また，制作にあたり参考とした資料を明記すると，読者は元資料（一次資料）を容易に探せます。

(3) 他人や自分のプライバシーを侵すことはないか？

個人の情報，写真などを許可なくページに記載してはいけません。また，許可があっても，自分の情報でも，記載の必要性を一度考えましょう。

(4) 法律，公序良俗に反する内容はないか？

法律に抵触するような内容ではありませんか？　また，他人への中傷，あるいは攻撃的，犯罪に加担するような内容は，個人や組織の姿勢や評判の問題だけでなく，法律を犯すことにもなりえます。

(5) フリー素材，ライセンス

インターネット上には「フリー素材」として配布されているものが無数にあります。フリーと記載されていますが，著作権を放棄したわけではなく，多くの場合なんらかのライセンス（使用条件）を提示しています。

ライセンスの種類は多数あり，その内容は制作者のクレジット表示，商用利用に関しての可否，再配布，改変に関するルールなど，ライセンスごとにそれぞれ違います。使用に際しては制作者の求める条件が満たせているか十分確認する必要があります。

使用条件についてわからない，判断ができない場合は制作者に直接問い合わせましょう。

5.2.6　クリエイティブ・コモンズ・ライセンス

新しい著作権，知的財産権の行使のあり方を提唱している国際的非営利組織クリエイティブ・コモンズ*1が提供しているクリエイティブ・コモンズ・ライセンス（CCライセンス）を紹介します。

＊1：クリエイティブ・コモンズ・ライセンスについては　https://creativecommons.jp/ を参照してください。

インターネットの発展とともに，情報の共有や取得により知的所有権や著作権保護などの法的な問題が生じる場合があります。CCライセンスは著作権のある著作物の配布を許可する数種類あるパブリック・ライセンスの一つであり，著作者がみずからの著作物の利用を許可する意思表示を行うためのツールです。

CC ライセンスを利用することで，作者は著作権を保持したまま作品を自由に流通させることができ，受け手はライセンス条件の範囲内で使用，改変，再配布などをすることができます。

ライセンスの形態は「著作権者の表示」「非営利目的での利用限定」「改変の制限」「派生物に対するライセンスの継承」の 4 種類（表 5.2(a)）があり，作者はこれらの条件を選択，組み合わせてできる 6 パターン（表 5.2(b)）から CC ライセンスの表示を選択することができます。

表 5.2(a)　クリエイティブ・コモンズ・ライセンスの種類

	表示 (BY Attribution)	著作物を複製，頒布，展示，実演を行うにあたり，著作権者のクレジットを表示することを条件とする。
	非営利 (NC Noncommercial)	著作物を複製，頒布，展示，実演を，非営利目的での利用に限定する。
	改変禁止 (ND No Derivative Works)	著作物を複製，頒布，展示，実演を行うにあたり，いかなる改変も禁止する。
	継承 (SA Share Alike)	ライセンスが付与された著作物を改変・変形・加工してできた著作物も，同じライセンスを継承させた上で頒布することが認められる。

表5.2(b)　クリエイティブ・コモンズ・ライセンスの組み合わせ

	表示 (BY)	原作者のクレジット（氏名，著作物タイトルなど）を表示することを条件とし，複製・頒布・展示・加工（二次著作物の作成），営利目的での利用を許可される。
	表示—継承 (BY-SA)	原作者のクレジット（氏名，著作物タイトルなど）を表示し，改変した場合には元の著作物と同じCCライセンス（このライセンス）で公開することを条件とし，複製・頒布・展示・加工（二次著作物の作成），営利目的での利用を許可される。
	表示—改変禁止 (BY-ND)	原作者のクレジット（氏名，著作物タイトルなど）を表示し，著作物に編集・加工を加えないことを条件に，営利目的での利用が行えるCCライセンス。
	表示—非営利 (BY-NC)	原作者のクレジット（氏名，著作物タイトルなど）を表示し，かつ非営利目的であることを条件に，頒布・展示・加工（二次著作物の作成）を許可される。
	表示—非営利—継承 (BY-NC-SA)	原作者のクレジット（氏名，著作物タイトルなど）を表示し，かつ非営利目的であり，また改変を行った際には元の著作物と同じ組み合わせのCCライセンスで公開することを条件とし，複製・頒布・展示・加工（二次著作物の作成）を許可される。
	表示—非営利—改変禁止 (BY-NC-ND)	原作者のクレジット（氏名，著作物タイトルなど）を表示し，かつ非営利目的であり，そして元の著作物を改変しないことを主な条件に，著作物を複製・頒布・展示できるCCライセンス。

5.2.7　優先したい点

内容，デザインともに，目標を達成するWebページを作るというのがゴールですが，すべての点でパーフェクトであることは現実的に困難です。日程的，人的な制約のなかで，何を優先するかを考えます。

表5.1(a) に優先する項目をあげました。視覚的（ビジュアル）デザインを大切にする場合，オリジナルな情報提供が重要とされる場合などいろいろでしょう。何を優先して制作されたWebページでも，それぞれの価値があり，直接優劣を比較できるものではありません。自分のサイトの目標をどこにおくかで，優先する事項が決まります。

5.3 全体デザイン

企画が決まったら，サイト全体の構成をデザインします。内容をトピックスに分割し，お互いの関連，提示のしかたを検討します。これは，提供する情報をマネージメントするということです。

5.3.1 サイト内容の分類

サイトに載せる情報をトピックスごとのかたまりに分けます。このかたまりがページに相当します。

具体的には，まず企画段階で考えた項目を適当な大きさのかたまりに分割します。論理的な単位に分かれていれば，内容の更新の際にも便利で，保守がしやすくなります。各ページは，印刷した時1～3ページ以内に納まるような長さが適当といわれています。ページが長いと，長い距離をスクロールしなければなりませんし，反対に一段落からなるようなページは短すぎるでしょう。

5.3.2 サイト構造の種類

ページに相当するかたまり同士の関係，その重要度から，全体の構成と見せ方を考えます。Web ページではリンクが重要な働きをします。読者はリンクをたどり，ページ間を動き回ります。探している情報へ読者を適切に誘導することをナビゲーションといい，サイトの全体構成をデザインするとは，ナビゲーションの道筋を決めることと深く関係します。サイト構造には次のような種類があります。ナビゲーションについては，次節で述べます。

(1) 直線的（シーケンシャル）な構造

印刷物と同じように，直線的にページを配置した構造です（図 5.2)。内容は制作者が決めた順序で提示され，読者はそれに従って読みます。物事を論理的に順序だてて説明するサイトに使われます。

ユーザ登録，EC サイトの商品決済など前後のプロセスをふまないと進めない時などに使用されます。

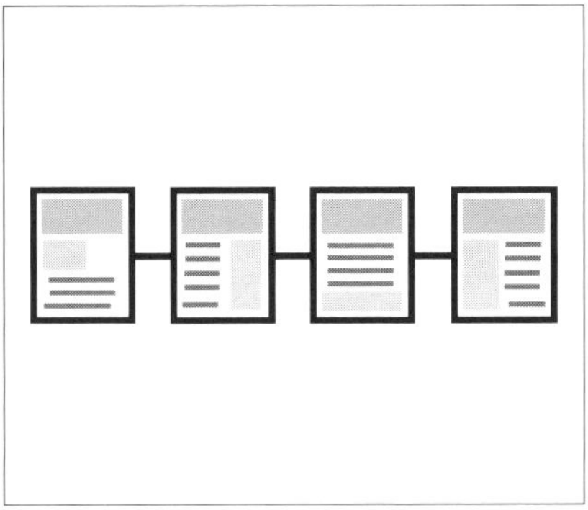

図5.2　直線的な構造

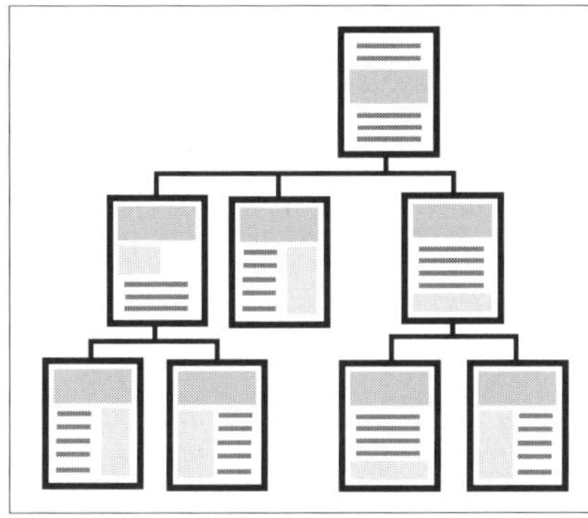

図5.3　階層構造

図5.4　格子状構造

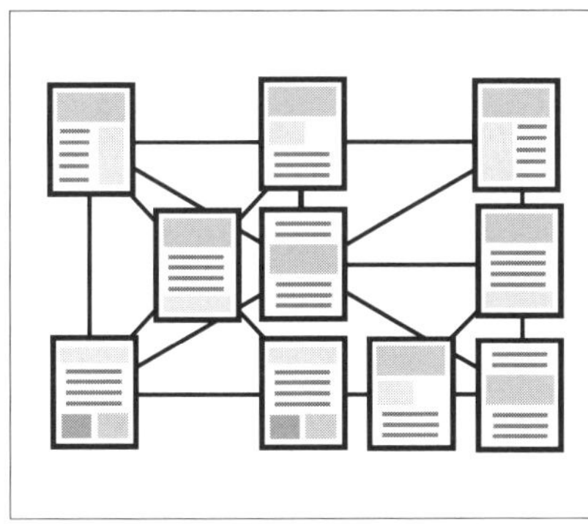

図5.5　網状構造（リンク型構造）

（2）階層構造

トップページからその子ページへと木（ツリー）構造をとるものです（図5.3）。現実世界の多くの事柄が階層的な構造をもっているため，情報を整理するうえで一番よくとられる構造です。多くのサイトは階層構造を採用しています。統一のある，理解しやすい階層分けが，よいナビゲーションの決め手になります。

（3）格子状構造

相互に関連した2つの事柄を軸に，ページを格子状に配置した構造です。たとえば，図5.4は「現代文化の流れ」を解説するサイトで，年代と項目（音楽，映画）の2つの視点で設定されたページを時間軸と項目軸でリンクしたものです。

(4) 網状構造（リンク型構造）

階層，直線構造にとらわれず，関連する情報（カテゴリー，キーワード，タグ）をもとにリンクしていく構造です。自由に移動することができますが，目的のページを見つけられない，同じページに来てしまうなど読者が動きを予測できないという欠点をもちます。起点となるページへ戻るグローバルナビゲーションの設置が必要です。

5.3.3 ナビゲーション

ページの配置とリンクは，サイト成功のカギです。目的のページにすばやく到達できるしくみは，読者にとって時間の節約になります。情報交換・収集において，「到達するまで」の時間は，全体で大きなコストになります。

(1) ナビゲーション地図の作成

ナビゲーションで大切なのは，次の点です。

・統一的な方法を提供すること
・読者が動きを予測可能なこと

印刷物であれば，開いているページの位置から物理的に今どこを読んでいるかがわかります。しかし，Webページではそうはいきません。リンクをクリックするとどこに連れていかれるのか，それは今のページとどう関係があるのかが，読者にはっきりわかるように心がけます。次の（2）〜（6）で，具体的な注意点について述べます。

読者に関連知識があるのか／ないのか，アクセスは頻繁なのか／時々なのかは，ナビゲーションを考えるうえで重要な点です。また知識の少ない読者にはていねいな説明のついたメニューページが有用ですし，頻繁にアクセスする読者には目的のページにただちに行けるショートカット*2が便利です。

＊2：いくつかのページを経由して，特定のページに達する「正規な」ルートとは別の，サイト全体をよく知っている人向きの近道。

デザイン過程で，ナビゲーション地図を書くのは大切です。読者になったつもりでページ間の移動を模擬的に実験し，問題がないかを検討します。

(2) 階層構造の深さとメニュー

階層構造をとるサイトでは，下の階層のページ内容をリストアップして，そこへリンクを張るメニューを用意するのが一般的です。階層構造の深さとメニューをどこに置くかを検討します。

1つの階層に多くの項目がある構造は，メニューの項目が長くなり，情報が見つけにくくなります。項目を整理しなおして，階層を増やすことを検討します。一方で，ページをいくつも経ないと目的のページに到達できない深い階層もよくありません。下位の階層にある項目をリストアップしたページを用意し，短いステップで目的のページに行けるような工夫をします。

また，今見ているページがサイトのどこにあるのかがわかるような情報をページに入れると，読者が迷子にならず，内容を把握するのにも役立つでしょう。

(3) トップページへのリンク

トップページへ簡単に戻れるリンクを，どのページにも用意すると親切です。読者が万一迷ってしまった時には，とにかく出発点に戻ることが一番です。

(4) ナビゲーションバー

メニューページはナビゲーションの道しるべです。あるページから別のページへの移動を速くするため，大項目の先頭ページへのリンクをまとめて配置し，直接飛べるような工夫がナビゲーションバーです（図5.6）。

(5) 前後ページへのリンク

同じ階層のページは直線的な構造となります。この場合，前のページ，次のページへのリンクは有用です（図5.6）。特に順番が大切な内容では，読者に直線的に読むよう促す働きをします。

図5.6　ナビゲーションバー，前後ページへのリンクの例

(6) サイトマップ

サイトに含まれる全ページの構成をまとめたものが，サイトマップです。構成ページ数の少ないサイトでは必須ではありませんが，サイトの内容を理解するうえで，読者にとって便利です。サイトの全体像がつかめるようなサイトマップを用意することも検討します。

5.3.4 トップ（カバー）ページ

トップページはサイトの顔となる重要なページで，通常，まずここからサイトに入ります。トップページの目的は読者に次のことを示すことにあります。

・何を目的にしたサイトか
・どんなことをしている誰が書いたのか
・どのような情報が提供されているのか
・サイトの更新がすぐに判別できるか

また，トップページはサイト全体の視覚的なイメージを読者に与えるものでもあります。詳しく内容を見る気持ちを起こさせるような整理された美しいデザインは，サイト全体の質を読者に印象づけます。

トップページのデザイン方針は，そのサイトの目的，対象読者により異なります。たとえば，次のような方針が考えられます。

・サイトの内容を簡潔に紹介する
・大項目へのリンクを並べ，内容の一覧を示す
・凝った画像，あるいはアニメーションの表示を中心にする

解説や事実伝達のようなページ，頻繁にアクセスする読者を対象とするページでは，画像やアニメーションを表示するだけのトップページは読者に対して不親切と言えます。

5.4 ページデザイン

ページに載せる情報を見えるかたちにしていきます（ビジュアル化）。明快で内容に合致したデザイン，信頼のおける情報であることを納得させるデザインを心がけます。

5.4.1 一般的ガイドライン

(1) 一貫性

全ページに渡って一貫性のある配置（レイアウト）にします。視覚的に一貫性のあるデザインは，そのサイトの特徴となって覚えてもらいやすく，親しみを増すことにつながります。さらに，一貫性をもつことでナビゲーションも容易になり，情報がどこにあるかの予測もしやすくなります。

(2) 視覚的フォーカス

段落，見出しや画像，色を使って，読者の視線を適切に導くようにします。視覚的フォーカスを置くことで，操作性や明瞭性が高まります。ただし，視覚的フォーカスのために使う画像はサイズ，データ量の適したものとし，ページのロード（読みこみ）時間がかからないように配慮します。

図5.7の2つのデザインを比較してみましょう。(a) は視覚的なフォーカスがありません。一方，(b) は整然としたなかにもリズムのある配置になっています。

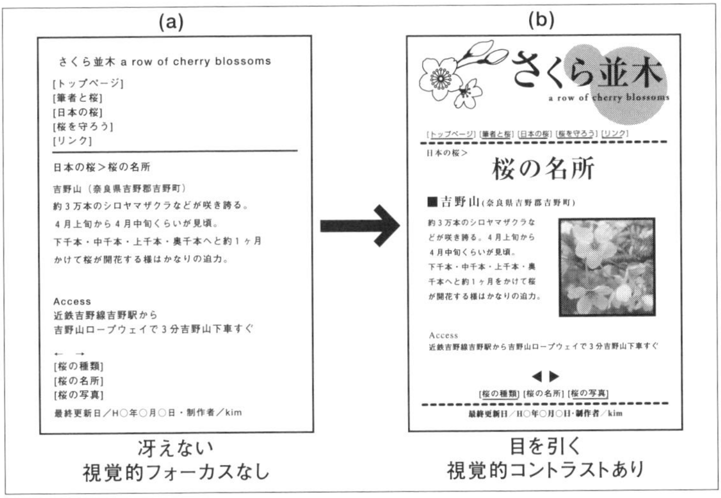

図5.7　視覚的フォーカス

（3）色のコントラスト

背景色は薄いものを選び，文字は背景に対してわかりやすい色にします。ページを印刷して読むことも多いものです。スクリーン上では「見える」が，コントラストがないため白黒で印刷すると読めないような色は避けます[*3]。

＊3：十分なコントラストをもたせることは，印刷だけでなく，白黒ディスプレイを使っている人，色覚に違いがある人に対する配慮にもなります。

（4）強調

視覚的な強調（横線，大きな文字，アイコン画像）は控え目にしましょう。ページの多くの部分に強調を使いすぎると効果がないだけでなく，けばけばしく雑然とした印象を与えます。

（5）ページの長さ

画面上ではページの一部しか表示されないので，それ以外の部分を読むにはスクロールします。長い距離を移動しなければならないページは操作性がいいとはいえません。ネットワークのデータ転送速度が速くなっているとはいえ，長いページはロードに時間がかかることを念頭においてください。

ページの長さは内容によりさまざまです。一般的には，印刷した時に1～3ページ，長くても5ページに収まるのが適当ですが，必ずしもこの長さである必要はありません[*4]。ただ，トップページやナビゲーションのためのメニューページは，画面に一度に表示できる範囲の2倍以内の長さにできれば，操作しやすくなります。

＊4：長いページが有用なことがあります。サイト全体あるいはある部分を印刷する時，個々のページに対して印刷操作をするのはやっかいです。関連ページが一つのページとして提供されていると，1回で印刷できます。

（6）ページの横幅

テキスト部分はブラウザのウィンドウ幅に合わせて折り返されますが，画像や表（テーブル）部分がウィンドウ幅を越えると，横スクロールバーがつきます。読者からすると，横方向へのスクロールはめんどうな操作です。

ページの横幅を指定することもできますが，読者がブラウザのウィンドウ幅をそれ以下にすると，横スクロールが必要になることを忘れてはなりません。

読者が見られるページの大きさはモニタ画面の解像度によっても変わります。低い解像度である800 × 600ピクセル[*5]を想定すると，ブラウザのウィンドウ枠を除いた表示領域の最大の横幅は780ピクセルです。

＊5：ディスプレイ上で画像や文字を表示するのは，オペレーティングシステム（OS）の仕事です。OSはモニタ画面を小さい格子に区切り，その格子ごとに色（白黒モニタなら白か黒か）を塗ります。その格子が集まって，全体として画像や文字に見えるのです。この格子一つひとつのことをピクセルといいます。800 × 600ピクセルとは，横800個，縦600個の格子を意味します。
モニタ画面上での格子の大きさは，解像度により異なります。高解像度では単位面積あたりのピクセル数が多く，モニタ上で密に表示されます。この場合，ウィンドウは小さく見え，モニタ画面上での表示域は広がります。またスマートフォンやタブレットなど表示される媒体，デバイスはますます多様化しています。

5.4.2 ページレイアウト

一般的ガイドラインをふまえ，基本となるページの枠組みを具体的にデザインします。レイアウトの基本は分割と配置です。タイトルやナビゲーションなど，ページ上に置く要素の働きや種類を考えて，まずページをいくつかの領域に分割します。このとき格子状に分割すると整然とした画面になります。そして，分割した領域に要素を配置します。図5.8はその一例です。

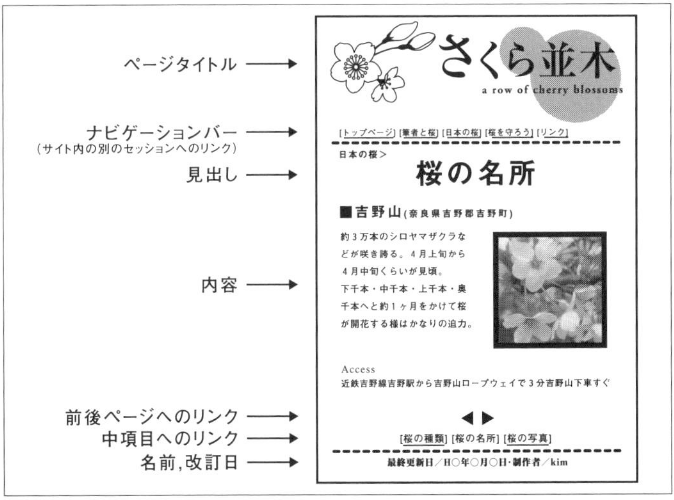

図5.8　ページレイアウトの枠組み

極端に短いページ以外，ページの先頭部分だけが表示されるので，タイトルやページ概要，ナビゲーションバーなど重要な要素は，ページの上部に配置します。ロードするのを待ってやっと表示されたページの部分には「情報」はなく，すぐにスクロールやクリックをしないと情報の実体が見られないというのでは，操作性がいいとはいえません。

5.5 ページ上の要素のデザイン

ページレイアウトが決まったら，ページに載せる個々の要素を制作していきます。ここでは，各要素のデザインに関する一般的なガイドラインを説明します。

5.5.1 テキスト

画面上で文字を読むのは，印刷物を読むのに比べて疲れる作業です。多くの読者は一文字一文字読みません。ざっと目を通し，内容を捉えようとします。そこで，そのための配慮が必要になります。

(1) 結論，文字数

読者はページを最後まで読むとは限りません。むしろ読まないことが多いのです。重要なことや結論はページの上部に置きます。

また，文字数を少なくし，読者の負担を減らすようにします。もちろん，これは必要なことまで削るというのではありません。

(2) 見出し

読者はまず，見出しに目をやります。見出しには内容を表す平易なことばを使います。比喩やしゃれは，著者のセンスを表すとしても，情報提供ページの見出しにはふさわしくありません。

また，見出しの階層が深すぎると，見出しの視覚的な効果がなくなります。Web ページではページ全体を一度に見られません。一般に 4 階層以上の深い見出しは，全体が把握しにくくなります。当然小見出しの後に，大見出しがくるような，交差（クロス）した見出し構成であってはなりません。

(3) 段落

内容のまとまりごとに段落分けをします。読者が視覚的に読みやすくなると同時に，内容も理解しやすくなります。文字数で均等に段落分けをするのではないことに注意してください。内容上のまとまりを段落で読者に示すのです。

ページの内容によっては文字数が多くなることもあるでしょうが，適切な段落分けは，読者の忍耐を軽減します。

(4) 箇条書き（リスト）

箇条書き（リスト）は，要点項目を明確にするのに効果があり，視覚的にも見やすくします。ただし，リスト内の項目数が多すぎると，リストの意味がなくなります。10項目を越えるような場合は，リスト構成を再検討してみましょう。リストを入れ子にすることもできますが，深い入れ子は見にくくなります。最大3階層を限度として，リストを構成します。

5.5.2 リンク

ページ中のあちこちがリンクだらけのページは，それがリンク集を目的としたページでない限り，読者をうんざりさせます。そのページには情報はないと宣言しているようなものです。重要なリンクだけをページの主たる部分に置き，参考のためのリンクはページの下部にまとめるなどの構成をとります。また，元のページに簡潔に載せられる内容に，むやみにリンクを使わないようにします。読者を不要なページに連れて行く必要はありません。

さらに，適切なリンク文字列や説明を使って，クリックするとどんなページが現れるのか，読者が予測できるようにします。たとえば，「ここをクリック」といったリンク文字列は，何が飛び出てくるかわからないので適切ではありません。

5.5.3 タイトル

ここでのタイトルとは，ブラウザウィンドウのタイトルバー上に表示される文字列をさします。通常このタイトルがブラウザのブックマーク[*6]に登録されます。

＊6：ブラウザにはよく訪れるWebページのアドレス（URL）を記憶しておく機能があります。これをブックマーク（しおり）といいます。ページのタイトルがブックマークの名前になります（変更もできます）。記憶したページの一覧表示の時には，その名前が使われます。

タイトルは簡潔で，具体的にページの内容を反映したものとします。表示域が限られているので，長さは60文字以内を目安にします。また，ブックマークリストに登録された時，ページが簡単に識別できるか考えてみましょう。内容に応じて，組織名を入れると識別しやすくなります。

一般的なことばはページを区別するのに適切ではありません。たとえば，「My Activity」ではなく，「Protect Cherry Trees」のようにします。

5.5.4 制作者の署名

制作者を記す部分を必ず入れます。依頼されて制作している場合は，依頼主になります。個人名である必要はありません。読者からのフィードバックを得るため，電子メールアドレスを記すなど，コンタクトをとる手段を提供しておくといいでしょう。4章でも述べたように，ページの出所がはっきりしていることはページ内容の信頼性を高めます。

5.5.5 画像

画像は，説明を補足したり，読者の注意をひきつけたりするために有用です。また，画像自身が主な構成要素であるページもあります。しかし，あくまでページ内容を豊かにし，伝えたいことを補強するものでなければなりません。不必要な画像は，読者をイライラさせ，逆効果です。

HTML文書のなかに埋めこんでブラウザに直接表示する画像として，標準的に使われるのはGIF形式，JPEG形式です。多くのブラウザではPNG形式も使えます[＊7]。

＊7：GIF（Graphic Interchange Format）：256色（8bit），イラスト，図表向き
JPEG（Joint Photographic Experts Group）：フルカラー（24bit），写真向き
PNG（Portable Network Graphics）：GIF，JPEG両方の特徴をもつ

画像ファイルをWebサーバから受け取る（ロード）には時間がかかるものです。大きな画像は，読者にとってありがた迷惑になることが往々にしてある

ので注意しましょう。デジタルカメラで撮影した画像ファイルは，通常，容量・サイズとも大きいデータです。そのまま使うと，ネットワークや読者の忍耐に負担をかけ，画面解像度に合わない場合もあります。その写真の目的や必要性，ページの見やすさ，読者が「待てる」時間を考慮して，画像ファイルを選択します。画像ファイルの容量は100KB以下を目安にするといいでしょう*8。

＊8：12Mbps（1秒間に12000000ビット送れる）の通信回線を使っている場合，単純計算すると，1500KB（1500000バイト）のファイルを送るのに，1秒間かかります。読者の忍耐の最大値は10秒程度といわれています。

大きな画像ファイルを使いたい場合は，Webページの目的や，主な対象読者がどのようにページにアクセスするか（目的，ネットワークスピード，頻度）を考慮してのトレードオフとなるでしょう。

5.5.6　装飾的要素

(1) 背景

ページの背景に画像を貼りつけたり，背景色を指定できます。読みやすさを第一に，画像や色を検討します。

背景色や画像の色と文字の色とは十分なコントラストをもつべきことはいうまでもありません。背景に画像を貼りつける時はそのロード時間を考慮します。ロード時間の観点から，データ容量の大きな画像を貼りつけることは避けます。

(2) アイコン，ボタン

ナビゲーションのためのリンクを表す小さな画像をアイコン（あるいはボタン）と呼びます。文字列でも十分機能しますが，装飾的な意味に加え，視覚的フォーカスを与えるという点からもよく使われます。リンクに画像を使う場合には，サイト全体で統一的なデザインを採用し，リンクの意味が画像だけから想定できるよう工夫します。

(3) 絶えず動くもの

繰り返すアニメーションや点滅など，常に動き続けるものをページに置くのは，見やすさの点から適当ではありません。絶えず動くものは，読者の視覚に強く働き，負担を大きくします。ページの内容から，絶えず動く要素が必要なら，それを止めるしくみを合わせて提供します。

《演習問題》

1．Web ページ企画ワークシートを使って，自分のサイトを企画してみましょう。

2．企画に基づき，ページに記載する内容をトピックスごとに適当な大きさに分割してみましょう。

3．分割した内容をもとに，ページの関係を考え，サイトの構造図（サイトマップ）を書いてみましょう。図 5.9 に本文で例にした「桜を守ろう」の Web サイトの構造図を示しますので，参考にしてください。

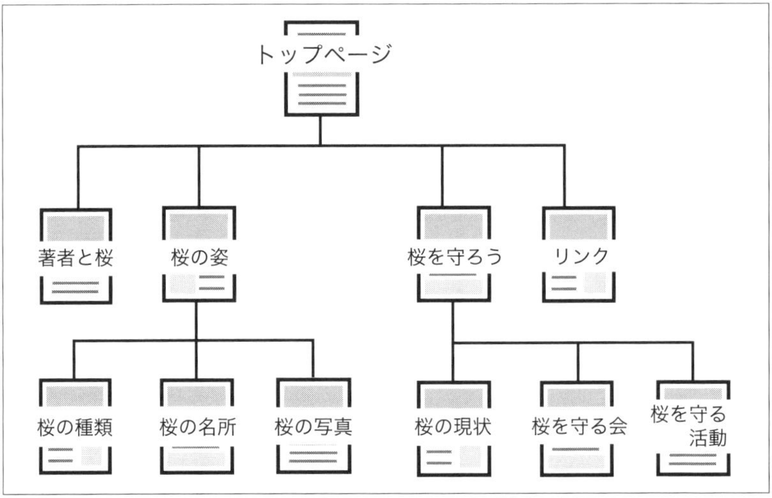

図 5.9 「桜を守ろう」のページの構造図例

4．前問で作ったサイトの構造図上に，矢印を使ってリンクを書きこんでください。各ページにどのようにナビゲーションするのが適当かを検討してみましょう。

5．演習問題1～4でデザインしたサイトで使うページのレイアウト図を書いてみましょう。図5.8のページレイアウトの枠組みを一つの例として，基本となるページ要素の配置を決めます。

トップページレイアウト

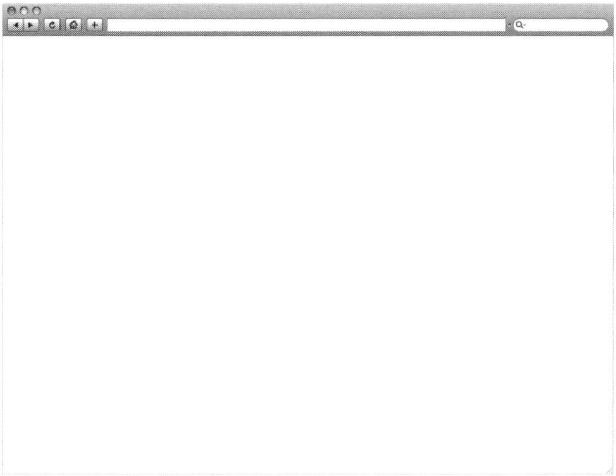

コンテンツページレイアウト

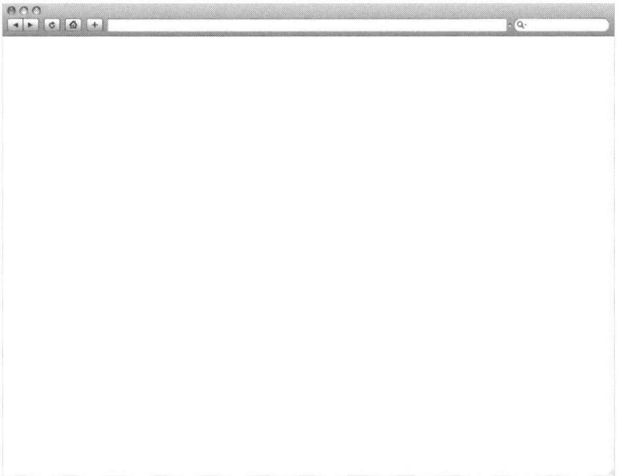

図5.10　空白のブラウザ画面

COLUMN - 5

Web コンテンツ，デザインの変遷 ～レスポンシブデザインの登場～

2000 年以降，パソコンの性能の向上や，アナログ回線から光ファイバー通信の導入など通信インフラの変化により，インターネット上でも大容量のデータを扱うことができるようになりました。Web サイトも HTML と画像だけでできた軽量なものから，Adobe Flash 等を用いたアニメーションやモーショングラフィックスを多用した動的なページ（リッチコンテンツ）や映像や音声，インタラクティブ（双方向）なコンテンツを備えた Web サイトが制作されるように変化してきました。

さらに現在では，デバイス（利用機器）の多様化に伴い，インターネットの使われ方も変化しました。スマートフォンの急速な普及によりどこでも手軽にインターネットへアクセスできるようになり，いつでも，どこからでも情報を検索して利用できることに加え，単にブラウザで情報を閲覧するだけでなく，ゲーム，SNS，ショッピングなどが携帯デバイス上で行えるようになりました。またタブレット端末の普及などのデバイスの多様化は，今後さらに進んでいくことでしょう。

Web ページに関しては，いずれもパソコンとは物理的な画面サイズ，プラグインの有無などで見た目の表示に制限があります。パソコン用の Web ページを縮小しただけのものではスマートフォンの小さな画面では非常に見づらく，ボタンやフォームなども操作しづらいのでユーザはストレスを感じます。そこで見やすいレイアウトと操作しやすいボタンなどを実装したスマートフォン専用サイトが登場しました。

制作側ではこれまでスマートフォン専用サイトをパソコンのブラウザ用とは別に作成していましたが，パソコンのブラウザ用のページとスマートフォン用のページで URL が別になってしまうことや，作成の負担が 2 倍になってしまうこと，予算の削減など問題もあり，表示するデバイスごとにサイトを用意する必要のない，レスポンシブデザインの導入が進んでいます。

レスポンシブデザインの Web サイトは，JavaScript，CSS のプログラムにより，画面サイズやデバイス情報を判断し，種類に応じたレイアウトの調整を行っています。同じ情報を異なったデバイスで取得することができるよう，1 つの HTML（ワンソース）でマルチデバイスへの対応を実現しています。

しかし，デメリットとして

図　媒体やサイズに合わせてレイアウトが変わるレスポンシブデザイン

・非表示にしているだけでデータは軽量化されない。
・音声読み上げによるナビゲーション操作をする人（視覚障害），画面を拡大して見る人（弱視），ボタン位置・形状の変化に不慣れな人（認知障害）のアクセシビリティの低下。
・パソコンで見ている状態と他のデバイスで見ている状態のレイアウトが違うことによるユーザビリティの低下。

など，まだまだ解決すべき課題もあります。

Web は「見る・聴く」だけでなく「使う」メディアです。ユーザが使うことによって新しい使われ方が生まれ，マーケットに乗ることにより解決方法を模索する，その繰り返しで進化のスピードが加速していきます。インターネットの世界は常に過渡期であり，Web デザインにおける流行や手法も，常に変化していると言えるでしょう。

6章 Webページの制作

サイト内のページ構成とページのデザインが決まったら，HTML言語を使ってWebページを記述します。本章では，一般的なデザインのページによく使われる基本的なHTMLのタグとスタイルシートについて説明します。

6.1 HTML文書とタグ

Webページを記述するための言語が，HTML（Hyper Text Markup Language）です。ページ内の見出しや段落，リンクなどにタグと呼ばれるキーワードで印をつけます。Webブラウザはその印（タグ）を解釈し，それに合ったスタイル（文字の大きさや装飾など）で表示します。

HTMLのタグは文書を構成する基本的な要素（たとえば見出し，段落，箇条書き，テーブルなど）ごとに決められています。それはHTMLが文書の構造を記述する言語として生まれたからです。HTMLで記述されたWebページのことをHTML文書（documents）と呼ぶこともあります。HTML文書がテキストファイル（文字コードだけを含むファイル）であることは重要な点です。ワープロで作った文書ファイルは特定のソフトウェアがないと中身を見ることができませんが，HTML文書はブラウザで見られるほか，テキストエディタさえあれば作ることもできます。

HTMLが広く使われるには，タグの意味やブラウザの解釈のされ方について標準的な取り決めが必要です。World Wide Web Consortium（W3C）がHTMLの文法をはじめ，Webに関するさまざまな規準を策定しています*1。

ブラウザを作る人（会社，ブラウザベンダー）は，この規準を受けて，タグをどう解釈するか，どう表示するかを決めます。そのため，同じタグをつけたWebページでも，ブラウザの種類によって見え方が異なることがあります。

＊1：W3Cは，標準的なHTML文法を定め，Webに関係する者（Webサイトを作る人，ブラウザを作る人など）がこの勧告（recommendation）を採用するように推奨しています。W3Cでは，新しいHTMLの策定も進めました。Webによる情報交換が高度化するなかで，HTMLで定義されているタグ（構成要素）だけでは，多様な要求に対応できません。そこで自由にタグを拡張できるしくみであるXML（Extensible Markup Language）を作りました。XMLの仕様に従って，HTMLを組み立てなおしたものがXHTML（Extensible HTML）です。しかし，Webブラウザで長らく最大シェアを誇っていたInternet Explorer 6がXHTMLに対応していなかったため，大きく普及はしませんでした。その間もWebの進化にともない，複雑な機能をもったWebアプリケーションへの需要が高まり，Mozilla，Opera，AppleらブラウザベンダーのWHATWGが「Web Applications 1.0」「Web Forms 2.0」を検討し，その後W3CによりHTMLの最新バージョン「HTML 5」として採用されましたが，2019年5月，W3CはHTMLに関する標準策定をやめ，WHATWGが策定する「HTML Living Standard」がHTMLの標準とされることとなりました。

Webページのある要素（文字の一部や段落など）の色や位置を指定したい，つまり見栄えを指定したい時もあります。それにはスタイルシートという別のしくみを使います（→ 6.10節）。古いHTMLの規約には体裁を指定するタグや属性があり，今も有効ですがそれらは非推奨(Deprecated)とされています。

HTML文書を作成するには，テキストエディタを使う方法と，Webページ作成ツールを使う方法があります（→ 6章末コラム）。いずれの場合も，保存するファイル名の拡張子として.htmlをつけます（.htmが使われる場合もあります）＊2。

＊2：拡張子はファイル中のデータの種類（ファイル形式）を示す情報です。Webページを構成するファイルはWebサーバ上に置かれるので，ファイル名はWebサーバのコンピュータの規則に従います。一般的には，英数字を表す1バイトコード（半角英数字）を使って名前をつけます。空白は使わず，区切りを入れたい場合はハイフン（-）あるいはアンダーバー（_）を使います。

タグは次のように記述します。

```
<要素名>表示する内容</要素名>
```

要素の始めの部分に，<と>で囲んだ要素名（開始タグ）を置き，終わりの部分に<／と>で囲んだ要素名（終了タグ）を置きます。<要素名>と</要素名>のペアの範囲は，別のタグと入れ子になることはありますが，クロスしてはいけません。

この記述法が基本ですが，開始タグの中にタグの働きを細かく指示するための属性を指定することもあります。属性の種類と意味はタグによって異なります。

<要素名 属性名 ="属性の値">

要素名，属性名はアルファベットで表しますが，大文字，小文字が区別されますので，要素名は例外（DOCTYPE 宣言など）を除き，小文字表記にします[*3]。属性の値は二重引用符，または一重引用符で囲みます[*4]。

＊3：XML が大小文字を区別するため，要素名，属性名を小文字で表します。
＊4：属性値が空白や「<」「>」「'」「"」「｀」（バッククオート）「=」等の文字を含まない場合に限り，属性の引用符は省略できます。

Web ページ上の要素には，ブロックレベル要素とインライン要素があります。ブロックレベル要素は改行をともなうまとまりで，前後で改行されます。一方，インライン要素は行の中の部分です。ブロックレベル要素には，段落，見出し，箇条書き，水平線や引用などが，インライン要素には画像や句要素（文の一部の強調など）があります。

次節以後で基本的なタグの説明をしていきます。参考のため，HTML4.01 以降では「非推奨」または「削除」となった一部の属性にも触れます[*5]。その代替となるスタイルシートの属性も載せますが，その詳しい意味については 6.10 節で説明します。スタイルシートを学習するとその使い方がわかります。

＊5：HTML4.01 では非推奨（Deprecated）とされ，HTML 5 以降では削除された属性。これらの属性には以降の注で対応するスタイルシート属性を示しています。

6.2 基本のタグ

(1) <html>....</html>

Web ページの内容全体を囲むタグ。その文書が HTML であることを示します。

(2) <head>....</head>

ヘッダを表すタグで，この文書自身の情報を書きます。次の <meta>，

<title> タグはこの中に入れます。

(3) <meta>

Webページに関する情報(メタデータ)を記述するタグです(→ 6.11.1節)。

重要なメタデータの1つに文字コード情報の通知があります(→ 10.3節)。

HTMLファイルの文字コードがUTF-8の場合は <meta charset="UTF-8"> と記載します。

(4) <title>....</title>

作成したWebページのタイトルを表すタグで,<head> タグの中に書きます。

ここで指定したタイトルは,多くの場合ブラウザウィンドウのタイトルバー上に表示されます。また,Webページをブラウザのブックマークに登録する際,規定値(デフォルト)として使われます。

(5) <body>....</body>

文書の本文を表すタグ。ヘッダ以外の要素はすべてこの中に記述します。

(6) 改行

改行を指示するタグで,終了タグはありません。

HTML文書内の改行,複数の空白は,ブラウザでは無視して表示されます。テキストエディタ上で,複数の空白や改行を入れて見た目を整えたとしても,ブラウザで見ると,複数の空白はひとつになり,ブラウザのウィンドウ幅に合わせて改行されます。特定の場所で改行したい場合に使います。

(7) 見出し <h1>....</h1> から <h6>....</h6>

6段階の見出しを指定します。本文の一部をたとえば <h1> と </h1> で囲むと,見出しとして他の部分より大きく強調して表示されます。h1が一番段階の高い見出しで,数字が6に近くなるにつれて強調の度合いが減ります。

■属性*6

・align = left|center|right　左詰,中央,右詰の水平位置を指定。

|はorの意味で,left|center|rightは3つの内のいずれかを指定することを表します。

*6:スタイルシートでは text-align 属性を使います。

(8) 水平線 <hr>

改行した上で,横罫線を1本入れます。文章の区切りを明確にするのに使います。終了タグはありません。

■属性*[7]

・noshade　影のない線
・size = ピクセル数　線の太さ
・width = ピクセル数｜パーセント　線の長さ
・align = left｜center｜right　水平位置の指定

(9) コメント <!--.....-->

コメントはHTML文書自体の説明のために記述される覚書で，HTML文書の保守に欠かせないものです。<!-- と --> で囲まれた部分がコメントとされ*[8]，ブラウザでは無視されます。コメントの中に2つ以上続いたハイフン -- を入れるのは，避けます。

＊7：スタイルシートでは以下の属性を使います。
noshade → background-color
size → height
width → width
align → text-align

＊8：細かく見ると，<! と > の間に -- ... -- が入った形になっています。<!...> はマークつけ宣言で，HTML言語でどのように印をつけるかの構文を定義するものです。この中に，-- ではさんだコメントを入れます。マークつけ宣言の開始記号 <! とコメント開始記号 -- との間に空白を入れることはできません。

ここまで説明したタグを含んだHTML文書の例を見てみましょう。リスト6.1をブラウザで見ると，図6.1のようになります。

```
<!-- トップページ -->
<html>
<head>
<meta charset = "UTF-8">
<title>Cherry Trees</title>
</head>
<body>
<h1>桜を守ろう</h1>
<hr>
春になると，湧き出るように花をつける桜の木は自然の力と流れを感じさせてくれます。
<br>しかし，都市化の波の中で，古くからある木が安易に切られています。
</body>
</html>
```

リスト6.1　基本的な構成要素のページ

図 6.1　リスト 6.1 の表示結果

6.3 テキスト関連

(1) 段落 <p>....</p>

<p> と </p> で囲まれた部分は，段落（パラグラフ）に対する印です。ブラウザでは多くの場合，前後に空白の間隔を置いて表示されます。

■属性*9

・align = left|center|right　　左詰，中央，右詰の水平位置を指定。

＊9：対応するスタイルシート属性は text-align です。

(2) 引用 <blockquote>...</blockquote>

引用（別の人の文章をページのなかで参照）する時に使います。

このタグで囲まれた部分の前後に空白を置き，左に空白（インデント）をとって表示されます。結果として引用文であることが明確になります。

(3) 整形済みテキスト <pre>....</pre>

HTML 文書内に，空白や空行を入れてテキスト部分を整形しても，ブラウザはそれらを無視し，詰めて表示します。<pre> はこれで囲まれた部分がすでに整形されていることをブラウザに伝えます。ブラウザは空白や空行を含めてそのまま表示します。

(4) 句要素

テキスト内のある言葉（句）を，他の部分と区別したい時に使います。句の意味だけを指定し，表示方法（スタイル）に関してはブラウザに任せます。具体的なスタイルを指定しないので，論理スタイルタグとも呼ばれます。

・<em>....</em>	強調
・<strong>....</strong>	<em>より強い強調
・<code>....</code>	プログラムコードの一部
・<cite>....</cite>	作品のタイトル
・<q>....</q>	引用や参考文献

(5) 著者の署名 <address>....</address>

ページの著者の連絡先を示すタグです。読者からのフィードバックを受け取るため，連絡先をページに記すことは大切です。住所，メールアドレス，電話番号など連絡をとるために必要な情報を掲載しますが，一般にも公開されますのでスパムメールへの対策も必要になります。表示スタイルはブラウザ次第ですが，一般的にはイタリック体で表示されます。

(6) 特殊記号

タグに使われる記号（<や>）をテキスト中に含めたい時は「&」と「;」で囲んだ特別な書式（文字参照）を使います。表6.1にその一部を示します。

段落，引用，整形済みテキスト，強調，特殊記号，署名を図6.1のWebページに追加してみましょう。リスト6.2のHTML文書をブラウザで見ると，図6.2のようになります。

表6.1　特殊記号のHTML記載書式

記　号	名前指定	10進文字コード指定
>	>	>
<	<	<
&	&	&
"	"	"
スペース		

```
<html>
<head>
<meta charset = "UTF-8">
<title>Cherry Trees</title>
</head>
<body>
<h1> 桜を守ろう </h1>
<hr>
春になると，湧き出るように花をつける桜の木は自然の力と流れを感じさせてくれます。
<br> しかし，都市化の波の中で，古くからある木が安易に切られています。
<pre>
    清水へ祇園をよぎる桜月夜
        こよひ逢ふ人みなうつくしき      与謝野晶子
</pre>
<p> 桜の名所と呼ばれる場所では，一定の保護がされていますが，問題は <strong> 街の
中にある桜 </strong> です。若山牧水は人が集まる名所よりも，街の桜に魅力を感じてい
るようです。</p>
<blockquote>
静かな庭に咲き出でた一本二本，雨の後などとりわけて鮮けく，
照り澄んだ日ざしのなかにほくらほくらと散り澄んで輝いてゐるのもいゝ。
<br>&lt; 梅の花櫻の花 若山牧水 &gt;
</blockquote>
<hr>
<address> 連絡先　contact at sakuranoki.gr.jp </address>
</body>
</html>
```

リスト 6.2　段落，引用，整形済みテキスト，強調，特殊記号，署名

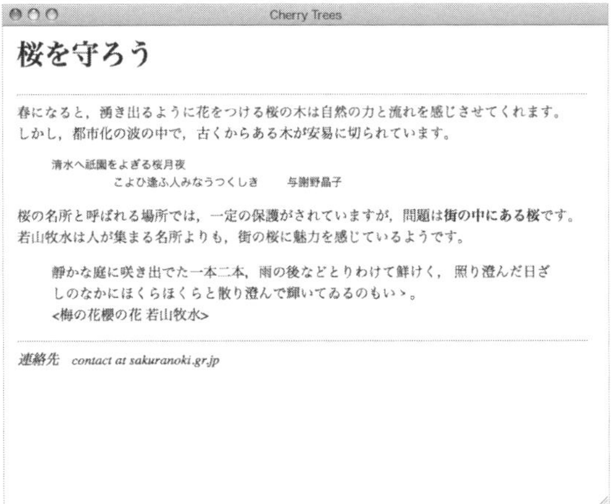

図 6.2　リスト 6.2 の表示結果

6.4 リスト（箇条書き）

箇条書きには，次のような種類があり，リスト構造を示すタグで囲んで示します。

・順序なしリスト……箇条書きの先頭に●や○などの記号がつく。

・順序ありリスト……箇条書きの先頭に数字や文字が順番につく。

・見出しつきリスト……キーワードとその説明を羅列するためのリスト。

(1) 順序なしリスト <ul>....</ul>

順序のないリスト（Unordered List）を表現する構造です。リスト全体を <ul> と </ul> で囲み，リスト内の各項目は <li> と </li> で囲みます。リストの前後に空白間隔が入り，各項目が字下げされます。

```
<ul>
    <li> 箇条書きの項目を書く </li>
    <li> 箇条書きの項目を書く </li>
    ....
</ul>
```

■属性[*10]

・type = disc|circle|square　　　項目につく記号（塗った丸，円，四角）

＊10：type 属性に対応するスタイルシート属性は list-style-type ですが，本書では触れません。

(2) 順序つきリスト <ol>....</ol>

順序のあるリスト（Ordered List）を表現する構造です。リスト項目全体を <ol> と </ol> で囲みます。項目の順に応じた数字あるいは英字がつきます。規定値（デフォルト）はアラビア数字です。

■属性[*11]

・type = 1|a|A|i|I　　　項目につく番号あるいは文字
1 はアラビア数字，a，A は英小大文字
i，I はギリシャ数字の小大文字

・start= 数字　　　　　　リスト先頭番号（文字の場合は a からの位置）

＊11：type 属性に対応するスタイルシート属性は list-style-type ですが，本書では触れません。

（3）定義・説明リスト <dl>....</dl>

定義とその説明を並べるリスト（Definition List）を表す構造です。定義される言葉は <dt> と </dt> で，説明される言葉は <dd> と </dd> で囲み，リスト全体は <dl> と </dl> で囲みます。

```
<dl>
    <dt> 定義される言葉 </dt><dd> 説明される言葉 </dd>
    <dt> 定義される言葉 </dt><dd> 説明される言葉 </dd>
    ....
</dl>
```

（4）リストの入れ子

リストのなかにさらにリストを指定することもできます。

たとえば，順序なしリストを入れ子にすると，入れ子の深さに応じて字下げが大きくなり，先頭につく記号が変わります。種類の違うリストを入れ子にすることもできます。

リストを図 6.2 に追加してみましょう。リスト 6.3 の HTML 文書をブラウザで見ると，図 6.3 のようになります。

```
<html>
<head>
<meta charset = "UTF-8">
<title>Cherry Trees</title>
</head>
<body>
... 略 ...

桜にまつわるさまざまな情報を提供していきます。
<ul>
<li> 桜の種類 </li>
<li> 有名な桜 </li>
<li> 保護活動 </li>
```

```
</ul>
<hr>
<address> 連絡先　contact at sakuranoki.gr.jp </address>
</body>
</html>
```

リスト 6.3　リスト要素をもつページ

図 6.3　リスト 6.3 の表示結果

6.5 画　像

Web ページ上の行の中に画像データを表示するタグで，インラインイメージと呼ばれます。<img> タグが指定された行の中に画像が表示されます。

```
<img src = "画像ファイル" alt = "代替文字列" width = "幅"
height = "高さ">
```

■属性

- ・src = "ファイル名あるいはパス名"　　画像ファイルの場所と名前
- ・alt = 文章　　画像の説明（代替文字列）
- ・width = ピクセル数｜パーセント　　画像の幅
- ・height = ピクセル数｜パーセント　　画像の高さ

Webページに直接埋めこめる画像データには，GIF形式，JPEG形式，PNG形式があります*12。src属性でその画像ファイル名を指定します。ファイル名は<img>タグのあるHTML文書からの相対位置で指定します。これを相対パスといい，HTML文書の置かれているフォルダを基点として，画像ファイルがどこにあるかを表します*13。たとえば，次のようなファイル構成を考えます。

```
myhome フォルダ ─┬─ pages フォルダ ─┬─ moto.html
                 │                  │
                 │                  └─ image2.jpg
                 │
                 └─ images フォルダ ── image.gif
```

moto.htmlのある部分から，image.gifへ道（パス）をたどるように指定します。../が1階層上のフォルダを表します。

```
<img src = "../images/image.gif">
```

<img>タグのあるHTML文書と同じフォルダにある画像ファイルの場合は，ファイル名だけを指定します。現在のフォルダを表す./をつけても同じです。

```
<img src = "image2.jpg">
<img src = "./image2.jpg">
```

＊12：・GIF形式（Graphic Interchange Format）256色までの色を選び（インデックスカラー），これで画像を表します。256色以内でしか画像を表せないので，ベタ塗りのイラストやロゴ，線画などの画像を保存するのに向いています。少ない色数を使えば画

像ファイルのサイズが小さくなります。
・JPEG 形式（Joint Photographic Experts Group） フルカラー（約 1677 万色，24bit）の表現と高い圧縮率から写真画像を保存するのに使われます。圧縮の過程で画像情報の一部を削除するので画像が劣化しますが，写真など連続階調の画像の場合めだちません。一方，境界がはっきりしたベタ塗りのイラストでは境界がぼやけたり，ベタ塗り部分が汚れたりします。不可逆圧縮。圧縮率を設定可能。
・PNG 形式（Portable Network Graphics） グレースケール，インデックスカラーからトゥルーカラーまで表現することができ，透過色，アルファチャネル（透過度）もサポートしている GIF，JPEG 双方の特性をもったライセンスフリーの画像形式です。圧縮による画質の劣化のない可逆圧縮を採用しています。

＊ 13：相対パスに対して絶対パスは，ファイルへの位置を完全名（フルパス，URL）で指定します。
<img src="http://www.notredame.ac.jp/hc/internet/images/image.gif">

代替文字列は，なんらかの理由で画像を見ることができない場合のための短い説明文で，必ず指定するようにしましょう。alt 属性で指定した文字列は，画像が表示できない場合やマウスカーソルを画像上に置いた場合に，ブラウザ上に表示されます。

width，height 属性は，画像表示領域の幅と高さをピクセル数またはウィンドウに対する割合で指定します。元の画像の大きさが，ここで指定した大きさに拡大・縮小して表示されます。これらを指定しないと，画像ファイル自身の大きさで表示されます。

width = "200" → 幅 200 ピクセル
width = "50% " → ウィンドウ幅の 50%の幅

width，height 属性を指定すると，画像表示域の大きさが画像ファイルをロードする前にわかるので，ブラウザはまず空白の表示域を表示します。そのため，読者はページのレイアウト全体を速く見ることができます。width，height 属性が画像ファイルのロードを速くするわけではありませんが，ページ全体が空白のまま待つようなことがなくなります。

■属性＊[14]

・align = bottom｜middle｜top	画像の行内での垂直位置
・align = left｜right	画像と次の要素との位置関係
・hspace = ピクセル数	左右の空白
・vspace = ピクセル数	上下の空白

＊14：スタイルシートでは以下の属性を使います。
align　→ vertical-align, float
hspace → margin-left, margin-right
vspace → margin-top, margin-bottom

align 属性の値を top，middle，bottom のいずれかにすると行内での画像の垂直位置を指定できます。また値を left とすると画像に続く要素を画像の右側に回り込むように表示できます（right の場合は画像が右にくる）。回り込みを解除するには，clear 属性を指定した
 タグを使います[*15]。

＊15：対応するスタイルシート属性は clear です。

画像を貼りつけたページを作成してみましょう。リスト 6.4 の HTML 文書をブラウザで見ると，図 6.4 のようになります。

```
<!-- 桜の種類 -->
<html>
<head>
<meta charset = "UTF-8">
<title>Cherry Trees</title>
</head>
<body>
<h1> 桜の種類 </h1>
<hr>
<img src = "./sakura.jpg" alt = "桜の画像" align = "left">
桜は，バラ科サクラ亜科，サクラ属の樹木です。日本に野生する桜は 6 群に分類されます。
</body>
</html>
```

リスト 6.4　画像をもつページ

図 6.4　リスト 6.4 の表示結果

6.6 ハイパーリンク（アンカー）

Web ページのある部分をマウスでクリックすると別の情報を表示するしくみが，ハイパーリンクです。Web ページのある部分から，参照する先へのリンクを張ります。リンク元からリンク先に錨（アンカー）を下ろし，双方を結びつけているイメージです。

(1) リンク　<a>....</a>

リンク元になる文字列あるいは画像を <a>....</a> で囲みます。a は Anchor（錨）からきています。href 属性でリンク先を指定します。

```
<a href = "リンク先"> リンクを表す文字列 </a>
<a href = "リンク先">
        <img src = "画像ファイル" alt = "代替文字列"></a>
```

<a>....</a> で囲んだ文字列は，文字の色が変わり，下線が引かれるなど強調して表示されます。画像の場合は枠線がつきます。色や線の有無は変更でき

ます。文字列あるいは画像をマウスでクリックするとhref属性で指定したリンク先のページに移動します。

(2) リンク先の指定

リンク先が同じサーバ上の文書の場合，元のHTML文書からの相対パスをhref属性に指定します。他のサーバにある文書の場合はその文書のアドレス(URL → 10.1節) を指定します。

たとえば，衆議院のページにリンクを張るには，下のように記述します。

```
<a href = "https://www.shugiin.go.jp"> 衆議院 </a>
```

リンク先には，HTML文書のほかに画像や動画，PDFファイルなどを指定できます。指定したファイルの種類によって，ブラウザが直接あるいはプラグイン（→ 10.2節）を起動して，その内容を表示します*16。

リンク先に別の人が作成した情報を指定する場合，作成者の了解が必要かどうかを確認し，必要なら了解を得ます。また，定期的にそのURLが有効かどうかを調べることも大切です。

＊16：PDF（Portable Document Format）ファイルは，文書情報をどんなコンピュータでも同じように表示し，印刷することを目的にAdobe社が開発した文書形式です。PDFファイルを閲覧するためのソフトウェア（Adobe Reader）をブラウザにプラグインとして組み込むことで，ブラウザのウィンドウ上でPDFファイルを閲覧，印刷できます。

(3) ページ内の特定の場所へのリンク

リンク先に指定されたHTML文書は，その先頭から表示されますが，特定の場所がウィンドウの一番上に表示されるように指示することもできます。特定の場所は，同じ文書内でも別の文書でもかまいません。

まず，特定場所にid属性を使って名前をつけておきます。そのHTML文書のなかでユニークな名前を，英数字を使ってつけます*17。

```
<h2 id = "名前"> リンク先にしたいところ </h2>
<div id = "名前"> リンク先にしたいところ </div>
```

＊17：id 属性はすべての HTML タグに指定できます（グローバル属性）。名前に使える文字は，英数字のほかにハイフン（-），アンダースコア（_），コロン（:）とピリオド（.）です。名前の先頭は英字またはアンダースコアにします。

名前をつけた所へリンクを張るには，リンク先のファイル名の後に＃を書き，続いて名前を指定します。同一文書内の別の場所にリンクを張る場合は，ファイル名を書かずに＃と名前だけを指定します。

```
<a href = "ファイル名 # 名前"> リンク元の文字列や画像 </a>
<a href = "# 名前"> リンク元の文字列や画像 </a>
```

図 6.3 の「桜の種類」の文字列をクリックすると，図 6.4 が表示されるように，リスト 6.3 にリンクを指定したのが，リスト 6.5 です。リスト 6.4 のファイル名を syurui.html とし，リスト 6.5 と同じフォルダにあるとします。

```
<html>
<head>
<meta charset = "UTF-8">
<title>Cherry Trees</title>
</head>
<body>
... 略 ...
桜にまつわるさまざまな情報を提供していきます。
<ul>
<a href = "./syurui.html"><li> 桜の種類 </li></a>
<li> 有名な桜 </li>
<li> 保護活動 </li>
<ul>
<hr>
<address> 連絡先　contact at sakuranoki.gr.jp </address>
</body>
</html>
```

リスト 6.5　リンクをもつページ

6.7 表（テーブル）

表（テーブル）形式は，Webページの構成要素の一つです。表の一つひとつのマス目をセルといい，このなかにはテキストだけでなく，画像やリンクを入れることができます。セルには見出しに使うヘッダセルとデータを入れるデータセルがあります。

（1）表　<table>...</table>

表全体を<table>と</table>で囲みます。

■属性

・border = ピクセル数　　外枠線の太さ
・width = ピクセル数 | パーセント　　テーブル全体の幅
・summary = 文字列　　テーブルの目的や構造の説明

本来外側の罫線のためのborder属性ですが，これを指定するとテーブル内部の罫線も表示されます。<table border>と太さを指定しないと線は規定値の太さになり，<table border="0">とするとborder属性を指定しないのと同じ結果になります＊18。

＊18：罫線の表示 / 非表示を細かく指定する属性も定義されています。
rules属性：テーブル内部のセルを区切る罫線のどれを表示するか
frame属性：外枠線のどれを表示するか
しかし，ブラウザによって対応がばらばらです。表示の互換性のため，border属性に0以外の太さが指定された時にはすべての罫線がつくように考慮されています。

summary属性は，テーブルの目的や構造などをブラウザに知らせるためのものです。音声や点字など視覚以外のメディアを用いて情報を出力するブラウザは，summary属性で指定された文字情報を出力します。

（2）行　<tr>...</tr>

<table>タグの中に指定します。<tr>と</tr>で囲まれた部分に，その行のセルを指定するタグを入れます。

（3）セル <th>...</th>，<td>...</td>

<th>は見出しセルを，<td>はデータセルを指定します。

見出しセルの中の文字は通常データセルの文字より強調して表示されます。

次の例では，１行に３列分のセルを指定した例で，左端のセルをヘッダセルとしています。

```
<tr><th> 見出し </th><td> データ 1 </td><td> データ 2 </td></tr>
```

（4）セル内の表示位置

セルの中に置く要素（テキストや画像など）の表示位置は align 属性，valign 属性を使って指定できます。これらの属性は <tr>，<th>，<td> タグの属性として指定します。<tr> タグに指定すると，その行のセル全体への指定となります。

■属性

・align = left|center|right　　セル内の要素の水平方向の表示位置

・valign = top|middle|bottom　　セル内の要素の垂直方向の表示位置

（5）複数行・列に渡るセル

複数行に渡るセルや，複数列に渡るセルを作るには，<th>,<td> タグに rowspan 属性と colspan 属性を使います。

■属性

・rowspan = 数字　　そのセルが占める行の数。デフォルトは１。

・colspan = 数字　　そのセルが占める列の数。デフォルトは１。

```
2 行分の高さをもったセル　<td rowspan = 2 > セルの中身 </td>
3 列分の幅をもったセル　　<td colspan = 3 > セルの中身 </td>
```

（6）表題 <caption>...</caption>

<caption> は表のタイトルを表すタグで，<table> タグの中に指定します。

■属性＊19

・align = top|bottom　　タイトルを置く位置

＊ 19：対応するスタイルシート属性は caption-side ですが本書では触れません。

テーブル要素をもつページを作ります。リスト 6.6 の HTML 文書をブラウザで見ると，図 6.5 のようになります。

```
<html>
<head>
<meta charset = "UTF-8">
<title>Cherry Trees</title>
</head>
<body>
<h1> 桜保護の実績 </h1>
<hr>
<table border = "1">
<caption> 保護に係わった本数 </caption>
<tr><th> 桜の分類 </th><th> 本数 </th><th> 合計 </th></tr>
<tr align = "center"><td> ヤマザクラ </td><td>150</td>
<td rowspan = "6">300</td></tr>
<tr align = "center"><td> ヒガンザクラ </td><td>56</td></tr>
<tr align = "center"><td> チョウジザクラ </td><td>20</td></tr>
<tr align = "center"><td> マメザクラ </td><td>44</td></tr>
<tr align = "center"><td> ミヤマザクラ </td><td>20</td></tr>
<tr align = "center"><td> カンヒザクラ </td><td>10</td></tr>
</table>
</body>
</html>
```

リスト6.6　テーブルをもつページ

図6.5　リスト6.6の表示結果

6.8 音　声

(1) 音声　<audio>…</audio>

<audio> タグは，音声を再生する際に使用します。再生する音声ファイルは，src 属性で指定します。

■属性

・src = ファイル名あるいはパス	音声ファイルの場所と名前
・preload = auto|metadata|none	音声ファイルの読み込みの制御
・autoplay	音声ファイルを自動再生の指定
・loop	ループ再生の指定
・muted	ミュート（消音）を行うように指定
・controls	インターフェースを表示
・mediagroup	グループ名の指定，複数のメディアの連携の指定

(2) ファイル形式ごとの指定　<source>

ブラウザごとに対応しているファイル形式が違うため，<source> 要素で複数のフォーマットを指定します。リスト 6.7 では 9 ～ 12 行目に 3 つの <source> タグが指定されています。

上から順に再生可能か確認され，要素に対応していないブラウザでは無視され，その後ろに記述された要素が表示されるようになります。

■属性

・src = ファイル名あるいはパス	音声ファイルの場所と名前
・type = audio/mp3|audio/ogg|audio/wav	音声ファイルの MIME タイプを指定，AAC（.aac），MP3（.mp3），Vorbis（.ogg），WAVE（.wav）など
・media = all|screen|tv	メディアタイプを指定

```
<html>
<head>
<meta charset = "UTF-8">
<title> 桜の歌 </title>
</head>
<body>
<h1 class = "sample"> 桜の歌 </h1>
<audio controls autoplay loop preload = "auto">
<source src = "sakura.mp3" type = "audio/mp3" media = "all">
<source src = "sakura.wav" type = "audio/wav" media = "all">
<source src = "sakura.ogg" type = "audio/ogg" media = "all">
<p> ご利用のブラウザでは <audio> タグに対応していないため再生することができませ
ん。</p>
</audio>
<p> 桜の歌です。</p>
</body>
</html>
```

リスト 6.7　音声データを配置したページ

図 6.6　リスト 6.7 の表示結果

6.9 動　画

(1) 動画　<video>...</video>

<video> タグは，動画を再生する際に使用します。再生する動画ファイル

は，src 属性で指定します。

■属性

・src = ファイル名あるいはパス	動画ファイルの場所と名前
・poster = ファイル名あるいはパス	利用できる動画がない場合，表示される画像を指定
・preload = auto|metadata|none	動画をあらかじめ読み込む
・autoplay	動画を自動再生
・loop	ループ再生の指定
・controls	インターフェースを表示
・width = ピクセル数 | パーセント	映像の幅
・height = ピクセル数 | パーセント	映像の高さ
・mediagroup	グループ名の指定，複数のメディアの連携の指定

（2）ファイル形式ごとの指定　<source>

ブラウザごとに対応しているファイル形式が違うため，<source> 要素で複数のフォーマットを指定します。

上から順に再生可能か確認され，要素に対応していないブラウザでは無視され，その後ろに記述された要素が表示されるようになります。

■属性

・src = ファイル名あるいはパス	動画ファイルの場所と名前
・type = video/mp 4|video/ogg|video/webm	動画ファイルの MIME タイプを指定，MP 4（.mp 4），Vorbis（.ogv），WebM（.webm）など
・codecs	動画のコーデックを指定
・media = all|screen|tv	メディアタイプを指定

リスト 6.8 が <video> タグを使った例で，図 6.7 のように表示されます。

```
<html>
<head>
<meta charset = "UTF-8">
<title>Cherry Trees</title>
</head>
<body>
<h1 class = "sample"> 桜の映像 </h1>
<video controls autoplay poster = "sakuramovie.jpg" width = "320" height = "240">
<source src = "sakura.mp4 " type = "video/mp4 ">
<source src = "sakura.ogv" type = "video/ogg">
<source src = "sakura.webm" type = "video/webm">
<p> ご利用のブラウザでは <video> タグに対応していないため再生することができませ
ん。</p>
</video>
</body>
</html>
```

リスト 6.8　映像データを配置したページ

図 6.7　リスト 6.8 の表示結果

6.10 Web ページのスタイル

6.10.1 スタイルシート

HTML は文書の構成要素を指定するための言語です。今まで説明してきた,見出し，テキスト，リストなどがページの構成要素です。タグはブラウザ上での見え方を指定するものではなく，体裁はブラウザが決めます。制作者が定める体裁と同じものが，読者の元に届く印刷物と違うところです。

モニタ上での体裁（物理的な表現）に対して，文書の構成要素は論理的要素といえます。文書の論理的構成要素のタグを見え方のコントロールに使うと，タグ本来の論理的意味を失ってしまいます。

論理的な構成要素と体裁を区別することは，読者の環境に関係なく誰もが同じ情報を受け取れるアクセス性の向上とともに，保守性の向上にもつながります。論理要素と体裁を分離するというHTML言語のあり方を維持しつつ，ページの体裁（ビジュアルデザイン）を細かく指定するために，スタイルシートが考案されました。

ページの背景色，文字の大きさ，色，字体などページの見え方に関係したことがらを，まとめてスタイルと呼びます。スタイルを記述するのがスタイルシートで，要素の色，配置，文字サイズや字体，字下げなどを細かく指定できます。指定にはカスケーディングスタイルシート（CSS：Cascading Style Sheets）と呼ばれる言語を使います。cascadeとは滝のことです。スタイルシートを使うと，論理要素と体裁の指定をうまく分離できます*[20]。

＊20：W3Cは，スタイルシートのレベル1（CSS1）とレベル2（CSS2）とレベル3（CSS3）の3つの仕様を定義しています。CSS2はCSS1に機能拡張，仕様変更が加えられたもので，点字や音声用の出力装置での文書の提供も意識されています。CSS3は現在策定中で，テキストに関するエフェクト（ドロップシャドウ）やボーダーに関する効果（グラデーションや角丸）等が追加され，また全体がモジュール化されています。
ブラウザがスタイルシートの仕様をすべてサポートしているわけではないので，読者の環境によっては，体裁が制作者の意図と異なる可能性があります。しかし，たとえ体裁が違って見えても，内容（論理要素）が同じように伝わるようにHTML文書を記述するのが，スタイルを分離する意味でもあります。

スタイルシートで，具体的な体裁を指定する部分をスタイル宣言と呼びます。スタイル宣言は，属性と値の組で記述します。

■スタイル宣言

　属性：値；

属性については6.10.3で説明しますが，文字の色を紺色にするためのスタイル宣言は，次のように書きます。colorは文字の色を指定する属性で，値はコロン（：）に続いて指定し（この例ではnavy），値の後ろにセミコロン（；）を書きます。

```
color: navy;
```

6.10.2 スタイルを指定する場所

スタイル宣言は次のいずれかの場所に指定します。

・<head> タグの中に，<style> タグで囲んでまとめて記述する
・外部スタイルシートファイルの中に記述する
・タグの style 属性の値として記述する

(1) <head> タグの中に，<style> タグで囲んでまとめて記述する

<style> タグの中に，「この要素やこの部分」を「このスタイルで表示せよ」という形で指定をします。たとえば，h1要素の文字を紺色にしたい場合，次のように書きます。

```
h1{ color: navy; }
```

中括弧の前のh1がスタイルを適用する対象で，この部分をセレクタと呼びます。中括弧の中にスタイル宣言を記述します。

■スタイルの定義

　セレクタ，セレクタ，… {属性：値；属性：値；…}

セレクタはいくつでも指定でき，複数の場合はカンマで区切って並べます。これが宣言の適用対象になります。宣言も複数指定できます。次は，h2要素とem要素を紺色の中サイズの文字で表示するスタイル指定です。

```
h2, em{ color: navy; font-size: medium; }
```

セレクタとなるものは，タグ，任意につけたクラス名，id属性で指定した名前などです。(→ 6.10.4, 6.10.5)

<style> タグは <head> タグの中に書きます。ここで指定したスタイルは，HTML文書全体に適用されます。

```
<head>
<style>
   h1 { color: navy; }
</style>
</head>
```

リスト 6.9[*21] は，<style> タグの中で <h 1> タグの体裁を指定しています。文字の色は白に，見出しの背景色を紺色に，文字サイズを大にするというスタイルです。図 6.8 がブラウザでの表示です。

＊21：/* と */ で挟まれた部分はスタイルシート内でのコメントです。コメントは入れ子にはできません。コメントは空白文字と同じに扱われます。

```
<html>
<head>
<meta charset = "UTF-8">
<title>Cherry Trees</title>
<style>
h1 {
    color: white ;       /* 文字の色は白 */
    background-color: navy ;       /* 背景色は紺 */
    font-size: large; /* 文字サイズは大 */
}
</style>
</head>
<body>
<h1> 桜の種類 </h1>
桜は，バラ科サクラ亜科，サクラ属の樹木です。日本に野生する桜は 6 群に分類されます。
</body>
</html>
```

リスト 6.9　スタイル定義をヘッダに指定

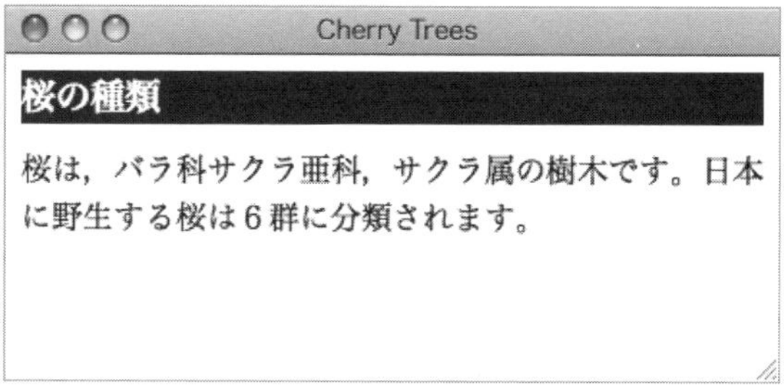

図6.8　リスト6.9の表示結果

(2) 外部スタイルシートファイルの中に記述する

<style> タグの中のスタイルの指定をそのまま別ファイルに保存したのが，外部スタイルシートです（ファイルの拡張子は.css)。

外部スタイルシートは <link> タグを使って HTML ファイルと関連づけられ，HTML 文書全体に適用されます。<link> タグは <head> タグの中に書きます。外部スタイルシートファイルの名前が mystyle.css で，HTML ファイルと同じフォルダにあるとすると，<link> タグの指定は次のようになります[*22]。

```
<head>
<link rel = "stylesheet"href = "./mystyle.css">
</head>
```

＊22：link タグは文書間の関連を示すタグで，rel 属性で関係の種類を，type 属性で関連先の文書の種類（今の場合はスタイルシートの記述言語）を，href で関連先の文書の名前（あるいは URL）を指定します。

リスト 6.9 の <style> タグの中身を外部スタイルシートファイルとしたのがリスト 6.11 です。リスト 6.10 では，リスト 6.11 を参照するよう <head> タグの中で指定しています。ブラウザでの表示は図 6.8 と同じです。

```
<html>
<head>
<meta charset = "UTF-8">
<title>Cherry Trees</title>
<link rel = "stylesheet"href = "./mystyle.css">
</head>
```

```
<body>
<h1> 桜の種類 </h1>
桜は，バラ科サクラ亜科，サクラ属の樹木です。日本に野生する桜は 6 群に分類されます。
</body>
</html>
```

リスト 6.10　外部スタイルシートを使う

```
h1 {
    color: white ;       /* 文字の色は白 */
    background-color: navy ;       /* 背景色は紺 */
    font-size: large; /* 文字サイズは大 */
}
```

リスト 6.11　外部スタイルシート（ファイル名 mystyle.css）

（3）タグの style 属性の値として記述する

<style> タグや外部スタイルシートでのスタイルの指定は，ページ全体に対して適用されますが，個別の要素にスタイルを指定するには，次のように style 属性を使います。

```
< 要素名　style = "属性 : 値 ;　属性 : 値 ; .....　">
```

style 属性はグローバル属性で，すべてのタグに指定できます＊23。次は <em> タグに文字の色を指定した例です。

```
<em style = "color: navy;"> 強調したい文字列 </em>
```

＊23：ただし，html，head，meta，title，style タグなどに style 属性を指定しても機能しません。

6.10.3　スタイル指定のためのおもな属性とその値

スタイルを指定するためにさまざまな属性が用意されています。おもな属性を表 6.3（p.146，p.147）に示しました。

(1) 文字のスタイル

文字の大きさ（font-size），太さ（font-weight），字体（font-style），フォント種類（font-family），色（color）などを指定できます。それぞれの属性の値は表6.3を参照してください。文字にスタイルを指定する場合は，読みやすさを十分に考慮する必要があります。

文字の大きさはキーワードまたは数値で指定できます。ただし実際の表示サイズはコンピュータの環境や解像度の設定によって異なります。また，ブラウザの「文字のサイズ」の設定を変えることで，ユーザ自身が文字の大きさを変更できます。しかし，font-size属性にptやmmなど絶対的な単位で数値を指定すると，ブラウザによってはユーザは文字の表示サイズを変えることができません。そのためユーザが必要に応じて，文字サイズを変更できるよう相対単位のemや%で指定しておく方が望ましいでしょう＊24。

＊24：文字サイズの単位のうち，cm（センチ），mm（ミリ），in（インチ），pt（ポイント），pc（パイカ）を絶対単位，em（イーエム），px（ピクセル），ex（エックス），%（パーセンテージ）を相対単位といいます。pxは，モニタの解像度によって変わり，低い解像度では同じピクセル数でも大きく見えるという点で相対単位ですが，ブラウザの「文字のサイズ」の設定では表示サイズは変わりません。またブラウザのバージョンや媒体によって絶対単位で指定しても拡大することができる場合もあります。

リスト6.11では，largeというキーワードを使って大きさを指定しています。これは絶対サイズと呼ばれる指定方法で（表6.3の†1），largeがどの大きさになるかはブラウザが決めており，ブラウザの「文字のサイズ」の設定で実際の表示サイズを変更することができます。

(2) 色の指定

文字の色（color），背景色（background-color），境界の色（border-color）などで色を指定します。

色は，RGB形式または色名称（表6.2）で指定します。RGB形式は，赤，緑，青の3つの色の割合を2桁の16進数で表した数値を並べて#rrggbbのような形で指定するものです。16進数の2つの数字が同じ場合は1桁で表すこともできます（#rgb）＊25。

＊25：かつて，コンピュータの多くが256色までしか同時に表示できない時期がありました。情報通信用に作られた画像形式Gif（8ビットカラー画像）は256色まで色数を保持できますが，うち40色についてはMacintoshとWindowsでは異なる色になり，その分を除いた216色をWebセーフカラーといいます。
赤青緑それぞれを6段階に分けてそれらを組み合わせて216色が定義されています（6×6×6=216）。Webセーフカラーを使用することで，環境により色が変換されてしま

うことが少なくなります（現在ではフルカラー表示可能な環境が一般的です）。

次の３つの指定は同じ意味です（背景を黄色にする）。

```
background-color: yellow;
background-color: #ffff00;
background-color: #ff0;
```

強調やまとまりや視覚的な情報のフォーカスを示すために色を使います。しかし，色だけを使って意味を伝えるのは避けます。色だけで意味を伝えようとすると，音声ブラウザや点字ブラウザを使っている読者にはその意味が伝わりません。

表 6.2　色の指定

色	RGB 形式	名　称	色	RGB 形式	名　称
栗色	#800000	maroon	濃紺色	#000080	navy
赤色	#ff0000	red	青色	#0000ff	blue
オリーブ色	#808000	olive	水色	#00ffff	aqua
黄色	#ffff00	yellow	青緑色	#008080	teal
紫色	#800080	purple	黒色	#000000	black
紫紅色	#ff00ff	fuchsia	銀色	#c0c0c0	silver
白色	#ffffff	white	灰色	#808080	gray
黄緑色	#00ff00	lime	橙色	#ffa500	orange
緑色	#008000	green			

（注）HTML4.01，CSS2.1 で定義されているスタンダード 17 色。色の名称は大文字小文字の区別をしない。

(3) 要素の周りのスペースと境界線

Webページ上の要素は，ボックスと呼ばれる領域をもっています。この領域は内容，パディング（内容と境界の間隔），境界，余白（周りの要素との間隔）から構成され，図6.9のような関係にあります。

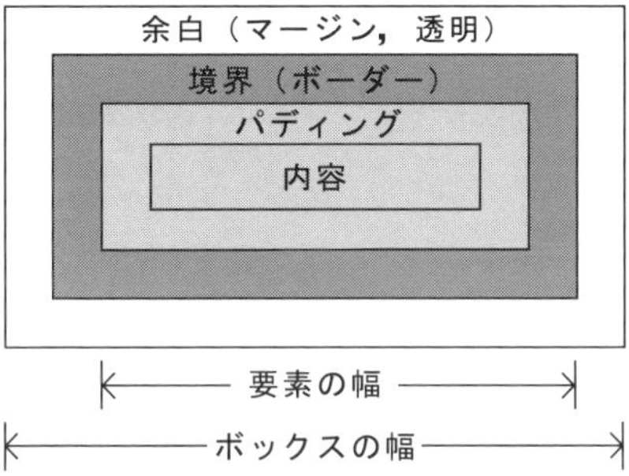

図6.9　要素がもつ領域（ボックス）

パディングと内容を合わせた部分が背景になります。余白（マージン）は透明で表示されます。

パディング，境界，余白を個々に指定するための属性があります。属性の名称と各部分との関係を図6.10に示しました。

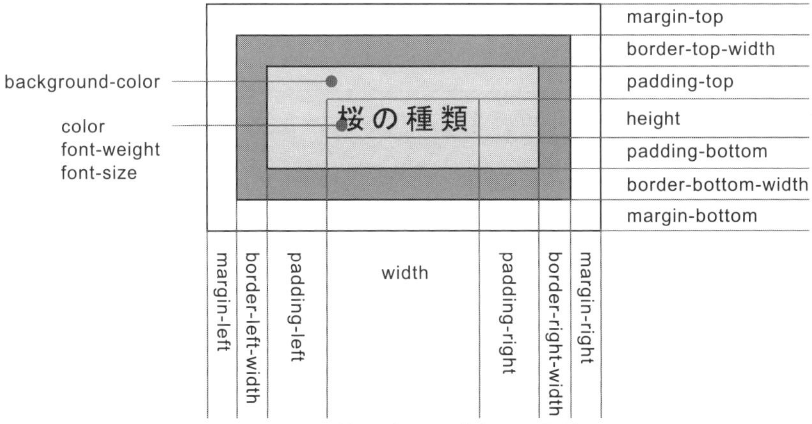

図6.10　属性とボックス各部との関係

リスト 6.12 は，h1 見出しに 2 ピクセルの境界線を灰色で描き，パディングを 5 ピクセルにするという指定です。図 6.11 がブラウザで表示した結果です。

```
<html>
<head>
<meta charset = "UTF-8">
<title>Cherry Trees</title>
<style>
  h1 {
          border-style:solid；   /* 境界線は実線 */
          border-width:2px；     /* 境界線は 2 ピクセル */
          border-color:gray；    /* 境界線は灰色 */
          padding:5px；  /* 境界線と文字の間隔は 5 ピクセル */
  }
</style>
</head>
<body>
<h1> 桜の種類 </h1>
桜は，バラ科サクラ亜科，サクラ属の樹木です。日本に野生する桜は 6 群に分類されます。
</body>
</html>
```

リスト 6.12　境界を描くスタイル

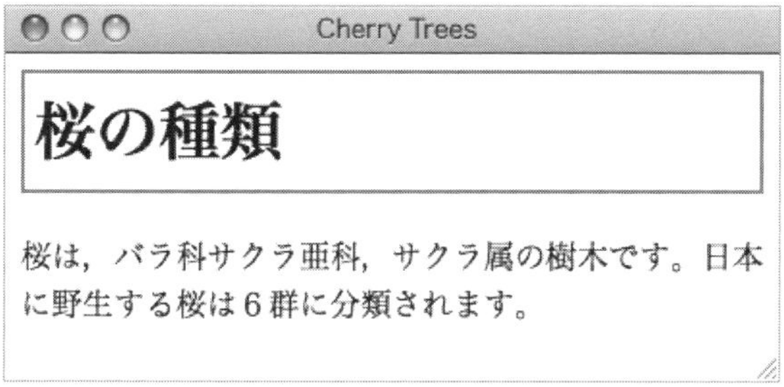

図 6.11　リスト 6.12 の表示結果

パディングや境界線，余白のための属性には，いくつかの書き方があります。異なる指定方法を示すために，リスト 6.12 の h1 タグのスタイルの指定を変えた例を図 6.12，6.13 に示します。

```
h1 {
    border-style: solid;
    border-width: 0  0  2 px 30px;
    border-color: #fff #fff #66c #66c;
    padding: 10px  0  10px  5 px;
    margin-bottom: 50px;
    font-size: medium;
}
```

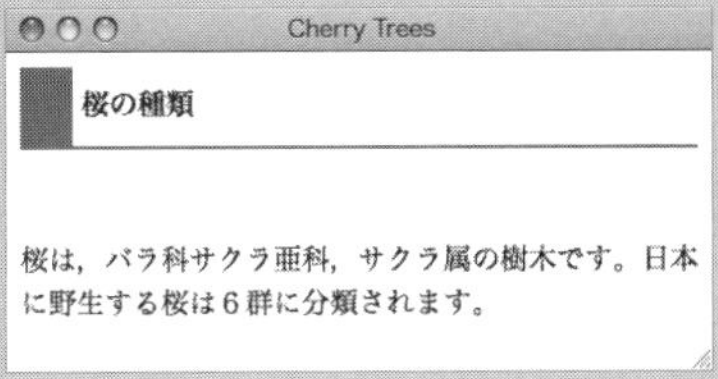

図6.12　h1タグへのスタイル指定例（1）

```
h1 {
    font-weight: normal;
    font-size: 1.5em;
    margin-top:  1 em
    border-bottom: #600  5 px dotted;
}
```

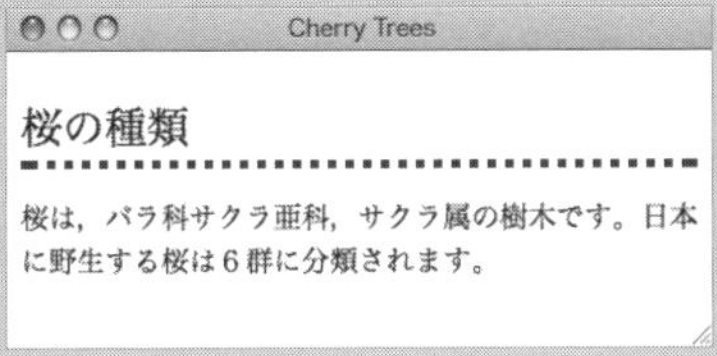

図6.13　h1タグへのスタイル指定例（2）

（4）要素の大きさ

要素の大きさは，要素の内容，パディング，境界，余白（マージン）によって占められる領域の大きさで決まります。このうち，内容の幅と高さを指定するのがwidth, height属性です。両属性とも数値で指定するほか（単位は文字の大きさと同じ），width属性ではパーセンテージでの指定もできます。100%はその親（外側）の要素の幅で，そのうちの何パーセントを占めるかを指定します。

```
width: 50%；      → 幅は外側の要素の50%
height: 10em；    → 高さは10文字分
```

読者はウィンドウの横幅を変えることができますので，要素の幅に数値を指定している場合，その要素がウィンドウ幅に収まらなくなると，横スクロールバーがつきます。横スクロールバーが内容を見にくくすることもあります。一般的に，横幅は数値で指定するより，パーセンテージで指定した方が望ましい場合が多いでしょう。

（5）画像と文字の位置調整

画像（インラインイメージ）を貼り付けた場合，行内の他の要素との位置関係を調整するには，vertical-align 属性を使います。値は表 6.3 を参照してください。

リスト 6.13 では，<img> タグに行の上端にあわせて画像を表示するよう指定しています。図 6.14 がブラウザでの表示です。

```
<html>
<head>
<meta charset = "UTF-8">
<title>Cherry Trees</title>
<style>
  img {
          vertical-align: top;   /* 行の上端にあわせる */
          margin-left: 1em;      /* 画像左の空白 1 文字分 */
          margin-right: 2em;     /* 画像右の空白 2 文字分 */
  }
</style>
</head>
<body>
<h1> 身近な桜 </h1>
<hr>
疏水の桜 <img src = "./sakura2.jpg" alt = "疏水の画像">
鴨川の桜 <img src = "./sakura3.jpg" alt = "鴨川の画像">
</body>
</html>
```

リスト 6.13　画像の垂直位置の調整

図 6.14　リスト 6.13 の表示結果

画像の横に文字を回り込ませるには，float属性を使います。画像を左に置き，その右側に続く文字を回り込ませるには，float: left; とスタイルを指定します。float属性はすべての要素に指定でき，leftやrightを指定すると，その要素はブロックレベル要素として取り扱われます。

回り込みを解除するには，clear属性を使います。たとえば，右側への回り込みをやめたい要素にclear: leftを指定します。リスト6.14がその例で，図6.15がブラウザでの表示です。

```
<html>
<head>
<meta charset = "UTF-8">
<title>Cherry Trees</title>
<style>
  img {
    float: left;
    margin-left: 1 em;
    margin-right: 2 em;
  }
  p {
    clear: left;
  }
</style>
</head>
<body>
<h1> 疎水の桜 </h1>
<hr>
<img src = "./sakura2.jpg" alt = "疎水の画像">
琵琶湖の水を京都市内へ導くために作られた疎水。
その両側には桜が植えられ，美しい風景を作り出しています。
<p> 散った花びらが水面をさらさらと流れていきます。</p>
</body>
</html>
```

リスト6.14　画像の左側への文字の回り込みと解除

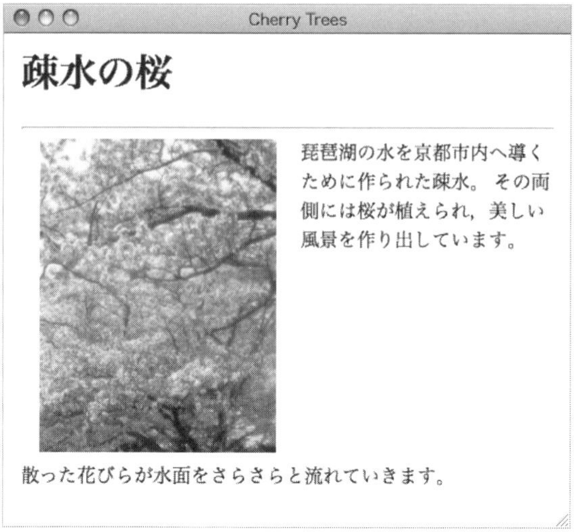

図 6.15　リスト 6.14 の表示結果

表 6.3　スタイル宣言の主な属性とその値

意味	属性名	値	適用対象
文字の大きさ	font-size	数値[†1]，パーセンテージ[†2] 絶対サイズ，相対サイズ[†3]	すべて
文字の太さ	font-weight	normal, bold, bolder, lighterbold	すべて
文字の字体	font-style	normal, italic（イタリック体），oblique（斜体）	すべて
文字フォント名	font-family	カンマで区切って複数の名前を指定でき，先頭から順に適用される。 特定のフォント名[†4]，汎用フォント名[†5]	すべて
行の高さ	line-height	数値[†1]，パーセンテージ[†2]	すべて
文字の色 背景色	color background-color	表 6.1 で説明する色指定（6.10.3（2））	すべて
背景画像	background-image	url（画像ファイル名あるいはアドレス）	すべて
背景画像の貼り方	background-repeat	repeat（格子状），no-repeat（1つのみ） repeat-x（上一行），repeat-y（左一列） 何も指定しないと格子状に敷きつめる	すべて
水平位置	text-align	left（左詰め），right（右詰め），center（中央揃え），justify（均等割り付け）	ブロック要素
字下げ	text-indent	数値[†1]，パーセンテージ[†2]	ブロック
文字装飾	text-decoration	none（なし），underline（下線），overline（上線），line-through（打ち消し線），blink（点滅）	すべて
幅 高さ	width height	数値[†1]，親要素の幅に対するパーセンテージ 数値[†1]	ブロック要素

上部余白 下部余白 左部余白 右部余白 余白一括指定	margin-top margin-bottom margin-left margin-right margin†8	数値†1，パーセンテージ†2 0は余白なし（指定しないと0とみなす）	すべて
上部パディング 下部パディング 左部パディング 右部パディング パディング一括指定	padding-top padding-bottom padding-left padding-right padding†8	数値†1，パーセンテージ†2 0は余白なし（指定しないと0とみなす） すべて	すべて
境界線の種類	border-style†8	線種の指定†6	すべて
境界線の色	border-color†8	表6.1で説明する色指定（6.10.3（2））	すべて
境界線の太さ， 線種と色の 一括指定†7	border-top border-bottom border-left border-right border	上部境界線　border-top　太さ　線種　色 下部境界線　border-bottom　太さ　線種　色 左側境界線　border-left　太さ　線種　色 右側境界線　border-right　太さ　線種　色 全境界線　border　太さ　線種　色	すべて
上部境界線の太さ 下部境界線の太さ 左部境界線の太さ 右部境界線の太さ 境界線太さ一括指定	border-top-width border-bottom-width border-left-width border-right-width border-width†8	数値†1	すべて
垂直位置	vertical-align	baseline（基準線），middle（行の中ほど） text-top（続く文字の上端配置） text-bottom（続く文字の下端配置） sub（下付文字位置），super（上付文字位置） top（行の上端），bottom（行の下端）	インライン要素
回り込み	float	left（左端），right（右端），none（指定なし）	すべて
回り込み解除	clear	left（左端），right（右端），none（指定なし）	すべて

†1　cm, mm, in, pt, em, pxなどの単位をつけた数値
　pt: ポイント（1pt=1/72インチ（in）=2.54cm, 例：12pt）
　em: 親要素（自分を含んでいる要素）の文字サイズを1emとした値（例：1.2em）
　px: モニタ上の点であるピクセルを単位とした値（例：12px）
†2　パーセンテージ：親要素の文字サイズを100%とした値（例：120%）
†3　絶対サイズ：xx-small, x-small, small, medium, large, x-large, xx-large　ブラウザごとに実際のサイズを決めている。
　相対サイズ：larger, smaller　親要素の文字サイズからの相対的な大きさ。ブラウザにより異なる。
†4　Windowsの場合：たとえば“メイリオ”，“MS P ゴシック”，“MS P 明朝”
　Mac OS-Xの場合：たとえば“ヒラギノ明朝”，“ヒラギノ角ゴ Pro W3”
†5　汎用フォント名：CSSで定義されているフォント名（“serif”，“sans-serif”，“cursive”，“fantasy”，“monospace”のいずれか，英文のみ）。具体的にどのフォントを使うかは，ブラウザが決める。
†6　none（なし），dotted（点線），dashed（ダッシュ線），solid（実線），double（二重線），groove（溝），ridge（背），inset（内容が下がるように見える線），outset（内容が盛り上がるように見える線）
†7　太さ 線種　色の指定順序は任意で，3つの値すべてを指定しなくてもいい。指定しないと規定値が使われる。

†8　1つから4つの数値を指定できる。
値1つ　上下左右にその値を適用（例：margin: 2em;）
値2つ　1番めの数値は上下に，2番目の数値は左右に適用（例：margin: 2em 1em;）
値3つ　1番めの数値は上に，2番目の数値は左右に，3番目の数値は下に適用（例：margin: 2em 1em 3em;）
値4つ　順に上，右，下，左に適用（例：margin: 2em 1em 3em 1em;）

6.10.4 クラスによるスタイルの指定

今までのスタイルシートの例では，その適用対象（セレクタ）にタグを指定していました。しかし，HTML文書に出てくるそのタグ全部に適用されるので，タグだけが対象だと，細かいスタイルの指定ができません。

部分的にスタイルを指定するための方法の一つがクラスです。特定のスタイルに名前（クラス名）をつけておき，そのクラス名を指定した部分だけを適用の対象にすることができます。

(1) セレクタとしてのクラス

まず，クラス名とスタイルの内容を <style> タグの中に定義します。スタイル指定のセレクタの部分には，ピリオドを書き，続いて任意の「クラス名」を指定します。クラス名は英数字とハイフン（-）を使ってつけます。先頭は英字かハイフンにします。

```
.waku {
    border:1px solid #66c;      /* 境界線は2ピクセル，実線，水色 */
    padding:8px;                /* パディングは8ピクセル */
    margin:10px 20px;           /* 上下余白は10，左右は20ピクセル */
}
```

そして，タグのclass属性の値にこのクラス名を指定します*26。すると，wakuというクラス名を指定した要素にだけ，このスタイル属性が適用されます。次の例では，段落に境界線が表示されますが，同じ <p> タグでもclass="waku" を指定しないと，境界線はつきません。

```
<p class = "waku"> 桜は，バラ科サクラ亜科，サクラ属の樹木です。
</p>
```

特定のタグに指定された時だけ，有効となるようなクラスを定義することもできます。次は，<h 1> タグと <h 2> タグに対し，個別に有効なクラス iro を定義した例です。

```
h1.iro { color: red; }
h2.iro { color: blue; }
```

次のように class 属性に iro を指定した場合，タグによって異なるスタイルが働き，見出し 1 は赤に，見出し 2 は青になります。

```
<h1 class = "iro"> 見出し 1 </h 1 >
<h2 class = "iro"> 見出し 2 </h 2 >
```

＊26：class 属性は，head，html，param，style，title タグなどページ上の要素として表示されないタグ以外のすべてのタグに指定できます。body タグには指定できます。

(2) <div> タグと <span> タグ

<div> タグと <span> タグは範囲を指定する要素です。タグは文書内の構成要素に印をつけるものと説明しました（→ **6.1節**）が，この2つのタグは文書の中で特定の役割をもたず，範囲指定をするだけです。<div> タグはブロックレベル要素の範囲，<span> タグはインライン要素の範囲です。範囲指定と前節のクラスを使うと，細やかなスタイルを指定することができます。

リスト 6.15 に <div> と <span> を使ったスタイル指定の例を示します。

文章内の「疎水」という語だけを赤の太字で表示させたいとします。まず，セレクタに任意の名前（redfat）をつけたクラスを，<style> タグの中に定義します。そして，本文の「疎水」という語を <span> タグで囲み，class 属性を指定します。

```
<span class = "redfat"> 疎水 </span>
```

特定の文章に枠線をつけたいという場合，枠線を描くスタイルをクラスとして定義します（6.10.4 の（1）に例としてあげたクラス waku）。枠線をつけたい文章を <div> タグで囲み，class 属性に waku を指定します。

```
<div class = "waku"> 対象となる文章 </div>
```

```
<html>
<head>
<meta charset = "UTF-8">
<style>
 .redfat {
          color: red; /* 文字色は赤 */
          font-weight: bold; /* 太字 */
  }
 .waku {
          border:  1 px solid #66c;
          padding:  8 px;
          margin: 10px 20px;
  }
</style>
<title>Cherry Trees</title>
</head>
<body>
琵琶湖の水を京都市内へ導くために作られた <span class = "redfat"> 疎水 </span>。
その両側には桜が植えられ，美しい風景を作り出しています。
<div class = "waku"> 清水へ祇園をよぎる桜月夜
こよひ逢ふ人みなうつくしき <br> 与謝野晶子 </div>
</body>
</html>
```

リスト 6.15　div と span を使ったスタイル指定

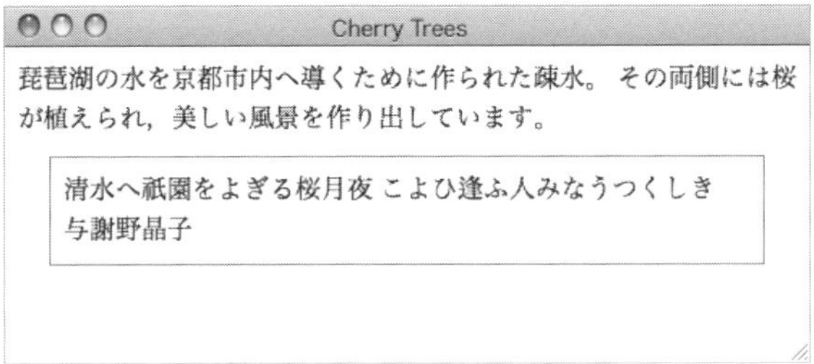

図 6.16　リスト 6.15 の表示結果

6.10.5 スタイルの適応対象（セレクタ）の指定方法

今まで説明してきたように，<style>タグの中や外部スタイルシートファイルには，「この論理要素やこの部分」を「このスタイルで表示せよ」という形でスタイル宣言をします。適用部分を指定するのがセレクタです。

セレクタとして，タグ，クラス以外にも，id属性でつけた名前，リンク（アンカー）用の特別クラスが指定できます。

（1）セレクタとしてのid名

id属性でつけた名前をセレクタとし，その名前の部分にだけ，スタイルを適用することができます*27。

#に続いてid属性でつけた名前を指定します。

```
#siki {
        font-style: italic;
        font-weight: bold;
}
```

そして，タグのid属性でこの名前を指定します。

```
<p id = "siki"> 太字イタリックにする部分 </p>
```

＊27：id名をセレクタに指定するスタイルが，一番限定的な範囲に適用されます。同じ要素に対して複数のスタイル指定がされている場合，限定度合いの高いスタイル指定が優先されます。次のようなスタイル指定がなされている場合，
p { color: black; }
.memo { color: navy; }
#siki { color: purple; }
<p id="siki" class="memo">何色だ</p>の段落において，id名の指定，クラスの指定，タグの指定の順でスタイルが適用されます。この場合，id名の指定が優先され，文字の色は紫になります。
優先度が同じ場合は，ブラウザが後から読み込んだスタイルが適用されます。

（2）リンク（アンカー）用の特別クラス

リンクを指定した文字列は，特に指定しないと普通下線が引かれ，青で表示されます。このリンクのスタイルを変えるために特別なクラス（link, visited, active）が用意されています。これをアンカー擬似クラス（anchor pseudo-class）といいます。

```
a:link {color: #00c; }       /* 未訪問リンクのスタイル */
a:visited {color: #c00; }  /* 訪問済リンクのスタイル */
a:active {color: #c0c; }    /* マウスボタンが押されているリンクの
                               スタイル */
a:hover {color: #933; }     /* マウスカーソルが上にある時のリンク
                               スタイル */
```

アンカー擬似クラスは，<a> タグにのみ有効ですので，タグ名（a）を省略することができます。

```
:link {color: #00c; }
```

リンク文字列の下線を表示させないなら，次のようにします*28。

```
:link {text-decoration: none; }
```

このように，リンク文字列のスタイルを標準的なものから変更できます。しかし，自分のページだけリンクの体裁がまったく違っていると，読者が戸惑う可能性がありますので，慎重に行ってください。

＊28：ブラウザ自身にリンク文字列の下線を表示させない機能をもつものもあります。
また，リンクを張った画像の枠線を表示させないようにするには，画像要素側で境界を非表示にします。たとえば，img タグに border: 0; とスタイルを指定します。

（3）さらに細やかな指定……文脈セレクタ

セレクタをカンマで区切らずに並べて指定すると，その並びの文脈のなかにある対象だけにスタイルが適用されます。これを文脈セレクタ（Contextual selectors）と呼びます。たとえば，次の例では <p> タグの中の，<em> 要素にだけ，このスタイルが適用されます。

```
p em {color: navy; font-size: medium; }
```

左側を親，右側をその子ととらえ，その親の子孫にだけ有効という書き方です。セレクタにはタグ以外にもクラスやid名を記述できますから，次のような書き方もできます。

```
.waku em {color: navy; font-size: medium; }
p .iro {font-style: italic; font-weight: bold; }
#siki em {font-weight: bold; background: color; }
```

今まで説明してきたスタイルのサンプルとして，図6.17のような表示になるHTMLファイルをリスト6.16に示します。ページの右側にサイト内容へのリンクメニューを配置しています。リンクメニュー部分と本文部分をそれぞれdivタグで囲み，右側部分のdivタグには，class属性を指定し（<div class = "side">），そのスタイルで幅を<body>タグの20%（width: 20%;）にし，右側に配置するよう（float:right;）指定しています。

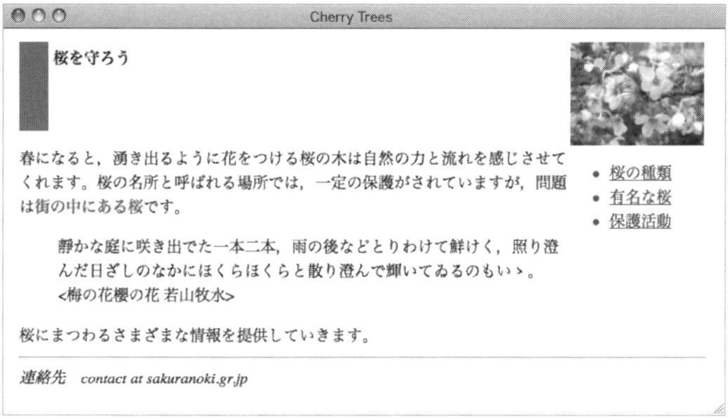

図6.17　リスト6.16の表示結果

```
<html>
<head>
<meta charset = "UTF-8">
<title>Cherry Trees</title>
<style>
  .side { width: 20% ; float:right; } /* 右側リンクメニュー */
  h1 { border-left: 30px solid #66c;   /* タイトル部 左側境界線を表示 */
```

```
        padding: 5 px 0 60px 5 px;  /* パディングで文字位置の調整 */
        font-size: medium; }                /* 文字を中サイズに */
    ul { line-height: 1.5em; }   /* リスト項目の行の高さを広げる */
    p strong { color: #c00; }   /* p タグ内部の strong タグの文字を赤く */
    blockquote { font-size: 0.95em; }   /* 引用部分の文字を小さく */
</style>
</head>
<body>
<div class = "side">
    <img src = "./sakura.jpg" alt = "桜の画像" width = "98%">
    <ul>
    <li><a href = "./syurui.html"><li> 桜の種類 </li></a>
    <li><a href = "./famouse.html"><li> 有名な桜 </li></a>
    <li><a href = "./hogo.html"><li> 保護活動 </li></a>
</ul>
</div>
<div>
  <h1> 桜を守ろう </h1>
  <p> 春になると，湧き出るように花をつける桜の木は自然の力と流れを感じさせてくれ
      ます。桜の名所と呼ばれる場所では，一定の保護がされていますが，問題は
      <strong> 街の中にある桜 </strong> です。</p>
  <blockquote> 静かな庭に咲き出でた一本二本，雨の後などとりわけて鮮けく，照り澄
  んだ日ざしのなかにほくらほくらと散り澄んで輝いてゐるのもいゝ。&lt; 梅の花櫻の花
  若山牧水 &gt;</blockquote>
  桜にまつわるさまざまな情報を提供していきます。
</div>
<hr>
<address> 連絡先　contact at sakuranoki.gr.jp </address>
</body>
</html>
```

リスト 6.16　ページスタイルの例

6.11 HTML 文書自身の情報

6.11.1 メタ情報 ……<meta>

ページの内容ではなく，ページに関する情報を記述するのが <meta> タグです。ブラウザと Web サーバとのやりとりの際に <meta> タグの情報を使い

ます。必須ではありませんが，Webページ作成ツールを使って作ったHTML文書には自動的につけられることが多いので，その意味がわかるように説明します。

次のような形をしており，<head>....</head>の間に置きます。複数の<meta>タグが記述されることもあります。

```
<meta http-equiv = "...." content = "....">
<meta name = "...." content = "....">
```

(1) http-equiv属性

Webサーバが Webページをブラウザへ送る際に，付加する情報を指定するための属性です。サーバはcontentで指定された値を，HTTP応答ヘッダ（→ 10.2節）につけてブラウザへ送ります。たとえば次のような場合に使います。

・文字コード情報の通知

```
<meta charset = "UTF-8">
```

HTML文書が使っている文字コードをブラウザに知らせます（→ 10.3節）。

・有効期限の通知

```
<meta http-equiv = "Expires"
      content = "Sun, 1 Jan 2023 00:00:00 GMT">
```

・文書の自動再ロード，自動移動の要求

```
<meta http-equiv = "reflesh"
      content = "3; url = http://www.xxx.ac.jp/yyy/zzz.html">
```

このHTML文書を表示した3秒後にwww.xxx.ac.jp/yyy/zzz.htmlへ移動（つまり表示するためのロードを開始）せよという指定です。url以降を書かないと，元のページを3秒ごとに再ロードします。

(2) name 属性

name 属性の情報をどう使うかは，ブラウザや Web サーバに委されています。

全文検索サービスの検索エンジンにキーワードや説明文などの情報を伝えるのに，name 属性が使われます。meta 情報をどう使うかは検索エンジンによって異なりますが，次の記述は多くの検索エンジンで有効です。

・ページ情報（プロファイル）の提供

name 属性に情報の種類（プロファイル名）を，content 属性にその値を指定します。

```
著者　　　<meta name = "author" content = "Sakura Hana">
著作権　　<meta name = "copyright" content = "Sakura Hana">
キーワード　<meta name = "keywords" content = "桜 , 保護">
説明文　　<meta name = "description" content = "桜の保護を訴える。">
```

検索エンジンは独自の方法で Web ページからキーワードを抽出して索引（インデックス）に登録しています。keywords は，ページのキーワードとして登録してもらいたい語を指定するものです。また，description は，全文検索サービスが表示するページ内容の情報として使ってほしい短い説明文を指定します。

・検索エンジンに登録をさせない

ページの情報を検索ロボットに収集してほしくない（索引を作らない）場合にも，meta タグの name 属性が使えます。name 属性の値を robots とし，content 属性にどのように索引を作るか（作らないか）を指定します。

```
<meta name = "robots" content = "index, nofollow">
そのページの索引は作るが，リンクしているページは索引を作らない。
<meta name = "robots" content="noindex, nofollow">
ページの索引も，リンクしているページの索引も作らない。
```

6.11.2 HTML言語のバージョン情報…DOCTYPE宣言

HTML文書がHTMLのどの定義（Document Type Difinition: DTD）に従って書かれているかを，WebブラウザなどHTML文書を処理するプログラムに知らせるためのものです。DTDを指定するのが，DOCTYPE宣言です。DOCTYPE宣言がなくても，Webブラウザはだいたい正しくHTMLタグを解釈しますが，DOCTYPE宣言をつけておくと，ブラウザは不要な予測をしなくてすむので表示が速くなり，ブラウザが予測を間違えて変な表示をするということがなくなります。

DOCTYPE宣言は，マークつけ宣言<! … >を使い，<html>タグの前に記述します＊[29]。本書のHTML記述例では省略していますが，基本的には記述することを推奨します。

＊29：・HTML 4.01 Strict DTDに従った文書

```
<!DOCTYPE HTML PUBLIC "-//W3C//DTD HTML 4.01//EN"
        "http://www.w3.org/TR/html4/strict.dtd">
```

・HTML 4.01 Transitional DTDに従った文書

```
<!DOCTYPE HTML PUBLIC "-//W3C//DTD HTML 4.01 Transitional//EN"
        "http://www.w3.org/TR/html4/loose.dtd">
```

・XHTML 1.0 Strict DTDに従った文書

```
<!DOCTYPE html PUBLIC "-//W3C//DTD XHTML 1.0 Strict//EN"
        "http://www.w3.org/TR/xhtml1/DTD/xhtml1-strict.dtd">
```

・XHTML 1.0 Transitional DTDに従った文書

```
<!DOCTYPE html PUBLIC "-//W3C//DTD XHTML 1.0 Transitional//EN"
        "http://www.w3.org/TR/xhtml1/DTD/xhtml1-transitional.dtd">
```

・HTML5, HTML Living Standardに従った文章

```
<!DOCTYPE html>
```

6.12 制作したHTML文書のチェック

HTML文書を作成する時には，誰もが同じようにWebページ上の情報へアクセスできるように考慮します。制作者と同じ環境でなければ，ページの内容がわからないようでは困ります。制作者とは違うコンピュータ環境で，ページにアクセスする読者がたくさんいることを，常に頭におきましょう。たとえば，

・白黒スクリーン，低い解像度のスクリーンを使っている人
・スピードの遅いネットワーク接続を使っている人
・違う種類のブラウザを使っている人
・ページ読み上げソフトウェアや点字ブラウザを使っている人

このような読者にもページの内容が伝わるようなタグ使いをするように心がけます。標準的なHTMLタグを使えば，ページのアクセス性が高まります＊[30]。これに対し，一部のブラウザだけがサポートするHTMLの拡張機能を使うと，それ以外のブラウザを使用している読者を排除することになります。

5章，6章で述べたHTML文書制作の注意点を，チェックリストとして表6.3にまとめました。このチェックリストは，視覚的デザインや内容ではなく，HTML文書制作のガイドラインを示しており，それに則しているかどうかを点検してください。必ずしもすべてが「はい」であるべきということではありません。ただ，そのようにする理由を意識し，説明できることが重要です。

＊30：World Wide Web Consortium（W3C）はHTML，CSSの規則に準拠しているかどうかのチェックをするサービスを提供しています。
・Markup Validation Service
https://validator.w3.org/
・CSS検証サービス
https://jigsaw.w3.org/css-validator/

《演習問題》

1．5章の演習問題でデザインしたWebページを制作してください。

2．表6.4のチェックリストを使って，制作したWebページをチェックしてください。

表 6.4　HTML 文書制作におけるチェックリスト（ガイドラインのまとめ）

チェック項目		本書での説明箇所	はい	いいえ	改善要
頁全体	タイトルは長すぎないか（60 文字以内）	5.5.3			
	色を使って情報を伝えていないか	6.10.3(2)			
	背景と文字の色に十分なコントラストがあるか	5.4.1 (3) 5.5.6 (1)			
	点滅や画像のちらつきを起こす再描画は使っていないか	5.5.6 (3)			
	見出し階層が深すぎないか（ 4 階層以内）	5.5.1 (2)			
	クロスした見出しはないか（小見出しのなかに大見出しがあるなど階層の崩れた見出しはないか）	5.5.1 (2)			
	箇条書き（リスト）の階層が深すぎないか（ 3 階層以内）	5.5.1 (4)			
	大きさや位置の指定には，相対的な数値を使っているか	6.10.3(4)			
	ページの長さは長すぎないか（印刷した場合 A 4 で 5 ページ以内）	5.4.1 (5)			
	特定の横幅で表示されることを前提としていないか	5.4.1 (6)			
リンク	リンク先の内容がわかるリンク文字列を使っているか	5.5.2			
	内容から外れた無意味なリンクはないか	5.5.2			
	サイト中のどのページにいるかがわかるか	5.3.3 (2)			
	各ページに，ナビゲーションバーがあるか	5.3.3 (4)			
	内容につながりのあるページに，前後ページへのリンクがあるか	5.3.3 (5)			
	各ページに，トップページへのリンクがあるか	5.3.3 (3)			
テキスト	重要なことはページの上部に書いてあるか	5.5.1 (1)			
	機種依存文字，1 バイトカタカナを使っていないか	10.3			
	適切な段落分けがなされているか	5.5.1 (3)			
	他人の引用は，それとわかるようになっているか	5.2.5 (2)			
画像	画像には代替テキストがついているか	6.5			
	不必要な画像はないか	5.5.5			
	1 つの画像ファイルの容量は 100 キロバイト以下か	5.5.5			
	画像の大きさは適切か	5.5.5			
他	W3C の標準から外れた HTML タグ（ブラウザ固有の拡張機能）を使っていないか	6.12			

チェック上の注意：たとえば，「1 つの画像ファイルの容量は 100 キロバイト以下か」の項目は，画像容量が 100 キロバイト以下なら「はい」に○をつける。そうでないなら「いいえ」に○をつけ，それを直すつもりなら「改善要」にも○をつける。また，画像がない場合はどこにも○をつけない。

COLUMN - 6

Web ページ作成ツールの利用の変移。HTML 直書きによる Web ページ作成

本書では，HTML 文書の作成にはテキストエディタを使い，自分で HTML タグを入力する方法を解説しています。マークアップ言語の一つである HTML は，本来，そのようにタグを入力して作成するものなのですが，「HTML の文法を覚えたりタグを自分で入力したりするのはめんどうくさいな。ちょっとした入力ミスで Web ページがうまく表示できないなんてイヤだな」という感想をもった人もいるに違いありません。

実は HTML タグは，Web 作成ツール（Web オーサリングツールとも呼ばれる）を使うことで自動的に生成することもできます。Web 作成ツールはタグの入力補完，構文チェック，アセット管理機能（対象サイトを構成する画像などのファイルや URL，JavaScript，色や数値などのサイト定義に関連する情報を管理し，挿入操作やドラッグ＆ドロップで反映する機能）や，他のプログラム言語の記述，FTP によるサイト公開操作も行うことができる非常に多機能なツールです。

それらのツールは，たとえば次のようなものがあります。

- Adobe Dreamweaver（アドビシステムズ）
- Home Page Builder（ジャストシステム　Windows 専用）
- その他，HTML 作成に特化したテキストエディタソフトやブラウザ上で動作するものなど

また，Microsoft Word に代表されるワープロソフトも HTML 文書（HTML ファイル）の書き出し機能をもっています。これらのツールを使えばタグを一つひとつ記述する必要がないので，HTML をまったく知らなくても Web ページが作成できます。ワープロで文書を作成する時とほぼ同じ要領で，罫線を引いたり，画像を挿入したり，リンクを張りたい部分をマウスで指定して，リンク先の URL を入力したりすれば，自動的に HTML 文書ができあがってしまうのです。

しかし，ツールが自動生成する HTML 文書は，W3C（World Wide Web Consortium）などが推奨している Web 標準の HTML 規格とはずいぶんと異なることがあります。文書の構成要素よりも見栄えの状態を反映するので，操作方法によっては不要なタグが入力されることや，必要以上に複雑な文章構造で HTML を生成するためです。しかも，特定の OS に依存するページを作ってしまうこともあります。

具体的には，特定の OS にしかインストールされていないフォントを使用する指示がタグとして記述されることや，閲覧する機種やブラウザによっては正しく表示できない状態の Web ページになってしまうなどです。

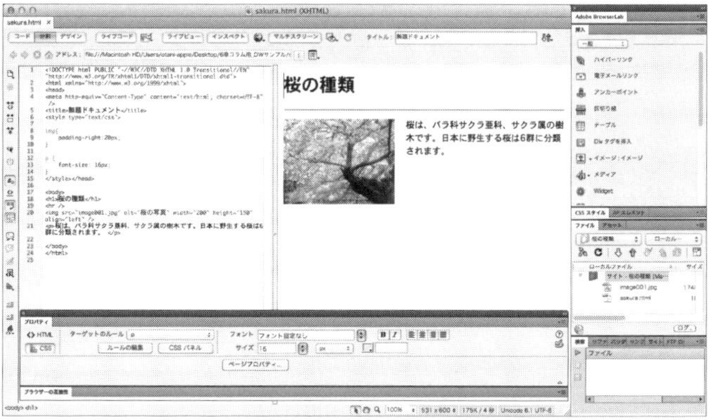

図　Adobe Dreamweaver 操作画面

作業の効率化が必要な場合や，短時間で見栄えのよい Web ページを気軽に作りたい場合には，ツールの手を借りることもあるでしょう。その場合でも，HTML の基礎知識を理解し，閲覧環境に依存しない Web ページを作ることのできる技術力を身につけておくことが好ましいでしょう。

7章 Webページのテスト，評価と運用

制作したWebページが自分のコンピュータ上のブラウザで表示できたとしても，制作が終わったと安心してはいけません。テスト，評価という最後の詰めのプロセスが待っています。テスト，評価を終えて，めでたく公開の運びとなり，その後，運用のプロセスになります。

7.1 テスト

デザインに従い，サイト全体の制作ができたら，テストをします。ページの内容が読めるか，リンクなどの機能が働くかを確認します。表7.1はそのためのテストシートです。同じHTML文書でも，表示環境が異なると，違って表示されますので，次のように環境を変えてテストをします。

- 異なるOS，異なるブラウザ，異なるバージョン
- 画像表示をしない/できない環境
- 低解像度のモニタ（たとえば，800×600ピクセル）

リスト7.1のHTML文書をいくつかの異なる環境で表示した例を図7.1に示します。タイトルに画像ファイルを使っているため，画像を表示しない環境ではまったく違って見えます。すべての環境でテストすることはむずかしいでしょうが，公開をするならば，知人に頼むなどして，複数のコンピュータ環境，ブラウザでテストをします。

テキストベースのブラウザでの見え方を表示するサービスをしているサイトがあります。それを使うと，音声ブラウザや点字ブラウザでどう読めるかを確認できます[*1]。

＊1：テキストベースのブラウザ（lynx）での見え方を表示するページ
・Another HTML-lint
http://openlab.ring.gr.jp/k16/htmllint/htmllinte.html

Webページのファイル名またはURLを指定し，「出力について」の項目で「テキストブラウザでの見え方の表示」をlynxまたはW3mとすると，チェック結果のページからテキストブラウザでの表示を確認できます。W3mもlynx同様のテキストブラウザです。

表7.1　制作したWebページのテストシート

テスト環境					
OS		ブラウザ・バージョン		ネットワーク環境	
テスト項目					
ページタイトル	表示の乱れ，わかりにくさ		表示されない画像ファイル	アクセスできないリンク先	ロード時間

(a) Microsoft Edge (Windows)

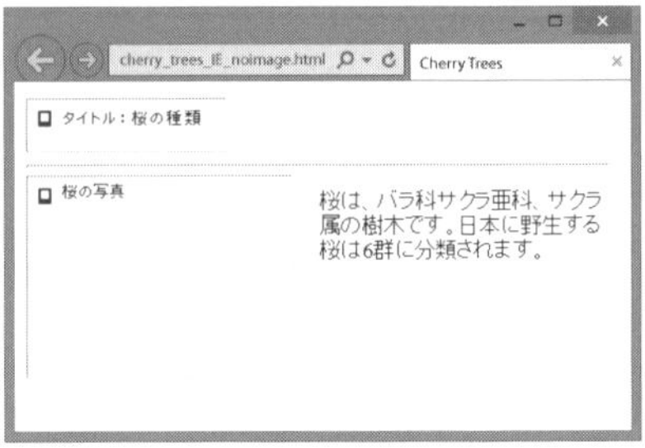

(b) IE (Windows) 画像を非表示

(c) Google Chrome (Windows)

(d) Opera (Windows)

(e) Mozilla Firefox (Mac OS)

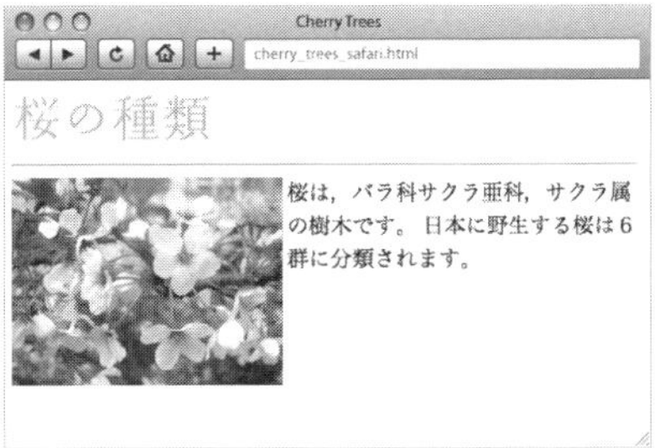

(f) Apple Safari (Mac OS)

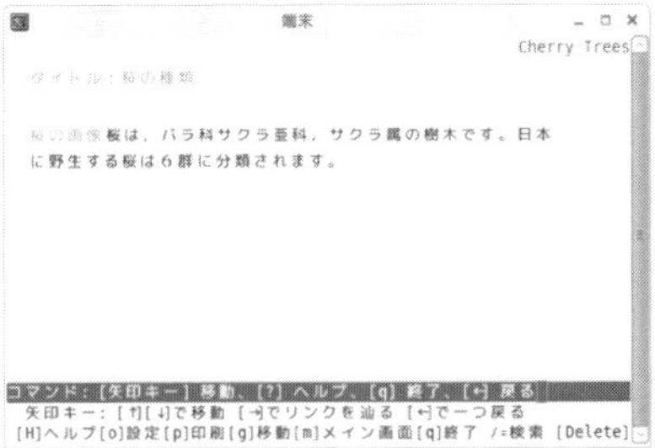

(g) lynx (Linux)

(h) Apple Safari (iOS)

図 7.1　異なる環境での表示の違い

```
<html>
<head>
<meta charset = "UTF- 8 ">
<title>Cherry Trees</title>
</head>
<body>
<img src="./title.gif" alt = " タイトル：桜の種類 "><hr>
<img src="./sakuranoki.jpg" alt = " 桜の画像 " align = "left">
桜は，バラ科サクラ亜科，サクラ属の樹木です。
日本に野生する桜は 6 群に分類されます。
</body>
</html>
```

リスト 7.1　表示テストに使った HTML 文書

（1）表示の乱れはないか

表示が乱れて，内容が見にくくなっていないか，また，もし見え方が異なっても情報が伝わるかを点検します。

（2）画像ファイルはロードできるか

画像ファイルはすべて表示できるかテストします。画像ファイルの場所は正しく指定されているでしょうか。また，画像の代替文字は指定されているでしょうか。

（3）リンク先に到達できるか

サイト内部のリンク先は正しく表示されるでしょうか。問題があれば，リンク先の HTML 文書のパス名を確認します。また，外部のリンク先も正しく表示されるでしょうか。リンク先アドレスの設定が正しいか確認します。

（4）ページのロード時間は長すぎないか

読者が許容できる時間内にページの内容が表示できるかテストします。可能なら，ネットワークスピードの遅い環境でもテストすると，自分のページを読むのに，読者はどの程度の忍耐が必要かがわかるでしょう。画像を含めたページのロード時間があまりに長いようなら，画像サイズ，ページの長さを再検討します。

7.2 評価

公開されるWebページの質に制限はありません。どのようなWebページも同様に公開され，Webの世界のなかで固有の価値をもちます。

しかし，情報を伝達するWebページであるなら，その質に対して一般的に要求される許容範囲があります。4章では，どのような視点で「質」が評価されるかのガイドラインを示しました。また，6章ではその「質」を最低限確保するため，HTML文章の書き方の視点からのガイドラインを示しました。

ここでは，Webページ全体を見て，伝えたい情報を伝えるのに十分な構成，内容，デザインが考えられているかを評価します。

(1) インターフェースデザイン評価

Webページは，モニタ上に表示され，読者との間でインタラクション（相互作用）をとりながら読まれる文書です。

書籍や雑誌のようにページが直線的，静的に提示されるのではなく，リンクにより読む順番は動的に変化します。またスクリプト機能を使えば読者との間でやりとりが生じます。

つまり，提供する内容自身とは別に，読者とインタラクションをとる機能をもちます。これがインターフェースです。これは印刷物とは違うWebページの側面です。

読者とWebページの間のインターフェースの側面から，Webページのデザインを評価しましょう。表7.2は，インターフェースデザインチェックリストです。ページの明瞭性，一貫性，内容との合致，操作性という4つの観点があります。

【明瞭性】

ページに表示された情報は，明瞭で，うまく整理されており，多義的でなく，読みやすくなくてはなりません。

【一貫性】

サイトを通じて，サイト中のページが読者にどのように見えるか，ナビゲーションがどう動作するかは，常に一貫していなくてはなりません。

表 7.2　インターフェースデザインチェックリスト

チェックした Web ページ

チェック項目		はい	いいえ	改善要
明瞭性	ページはわかりやすいタイトル，見出しで明瞭に識別されているか			
	重要な情報は配置場所や強調を工夫し，わかりやすく表示されているか			
	情報は論理的に整理されているか（ページや項目の提示順序など）			
	異なるタイプの情報は，互いに明確に区別されているか（ページ自身の説明，リスト，引用，索引など）			
	ページ上の各項目は，きちんと整列して表示されているか（文字揃え，リストの構成など）			
	表示を明瞭にする色の使い方がされているか			
	色を使う場合，白黒ディスプレイを利用，あるいは印刷されたとしても，表示内容は読みやすいか			
	見出し，段落分け，改行などを使い，ページ上の情報が見やすく配置されているか			
	表，画像などの表示はわかりやすいか			
	リンク，メニューなど選択肢が示された時，各選択肢の意味は明瞭か			
	リンク先が何か明瞭か			
一貫性	サイト全体を通して，字体，色の使い方は一貫しているか（リンクや強調などの字体や色はどのページも同じか）			
	省略語，用語など文字情報は，サイト全体を通して一貫しているか			
	アイコン，画像などの扱いは，サイト全体を通して一貫しているか			
	指示，メニュー，ナビゲーション，見出しなどの同一種類の情報は，統一された形式で提示されているか（同じ位置，同じ形など）			
	同じ種類の情報は，同じ形式で表示されるか			
	ナビゲーションの操作は，サイトを通じて一貫性を保っているか			
操作性	簡単に前のページに戻れるか（直前に表示されたページではなく，内容的に前のページ）			
	どのページからでも，簡単にトップページに戻れるか			
	必要とされる内容を簡単に見つけるしくみが提供されているか			

チェック項目		はい	いいえ	改善要
読者の期待と内容の合致性	色の使い方は，人間の習慣的連想に準じて用いられているか（たとえば，赤は警告として使うなど）			
	省略語，用語，単位などを使う時，読者はそれらを理解できるか			
	アイコン，画像などが表示される時，読者はそれらの意味を理解できるか			
	特殊用語，専門用語が用いられている時，それらは対象とする読者になじみがあるものか			
	日付け，電話番号などの情報は，社会一般的な形式で表示されているか			
	対象読者のふるまいや期待の違いを考慮して，情報が提示されているか（専門家か否か，頻繁にアクセスするか否かに合った構成）			
	読者がどのページにいるかが，どの状況においても簡単にわかるか			

チェック上の注意：「いいえ」に○をつけた場合，それを直すつもりなら，「改善要」にも○をつける。対象要素がなければ，どこにも○はつけない。

【操作性】

多くの読者のニーズと適合するため，また読者が求めるページに簡単に到達できるように，ナビゲーション構造は柔軟性をもたなければなりません。

【読者の期待と内容との合致性】

サイトの内容と動きは，読者の慣習や期待と合致していなくてはなりません。

（2）総合的自己評価

制作したWebページは，企画ワークシートで企画した内容を十分伝えるものになっているか，総合的に自己評価してみましょう。表7.3はそのためのチェックリストです。

企画したサイトを実現すべく制作をしたわけですから，yes/noの質問には多くの場合yesと答えることになるかもしれません。しかし，制作過程を離れて，改めて冷静に見ると不足している部分，考慮の足らなかった部分が見えてきます。それを確認します。また，企画をどう実現しようと考えたかをふり返ってみるのも，この自己評価の目的です。

評価過程で問題のあった部分は，必要であればデザイン段階にまで戻り，修正します。

表7.3　Webページの自己評価チェックリスト

チェックしたWebページのタイトル：
場所（URL）：

サイトの目的，あなたの意図を明確に記述したか？	yes　no
内容・用語の難易度は対象読者に対して適切か？	yes　no
文法的誤り，文字の誤りはないか？	yes　no
テーマ・伝えたいことを伝えるに足る内容（量・質）になっているか？	yes　no
ページの視覚的デザインは対象読者やテーマに合致しているか？	yes　no
画像はページにプラスに働いているか？	yes　no　画像なし
プログラムなどのインタラクティブ（対話的）要素はページにプラスに働いているか？	yes　no　該当要素なし
他人の著作権を侵害するような部分はないか？	yes　no
他人や自分のプライバシーを侵すような部分はないか？	yes　no
サイトの構成を考えるにあたり，何に考慮したか？ 伝えたい内容は十分伝えられているか？	
サイトの視覚的デザインを考えるにあたり，どのような点に工夫したか？ その結果をどう思うか？	
企画ワークシートで検討した「優先した点」は満足できたか？ うまくいったとしたらそれはどこか？　問題があったとしたらそれは何か？	

7.3 公　開

Webページは Webサーバに置かれて，初めて読者の目に触れます。制作の終了したHTMLファイルを，Webサーバにコピーすることで，Webページは公開されます。

Webサーバは，組織内のコンピュータ，あるいは登録しているインターネットサービス提供会社（プロバイダ）のコンピュータです。通常，ファイル転送（FTP，→ 1.3節）を使って，HTMLファイルを Webサーバに送ります。これをアップロード（upload）といいます。

アップロードには，FTPのためのソフトウェア[*2]を使います。自分の使っているコンピュータにそのソフトウェアが入っている（インストール）されている必要があります。FTPソフトウェアは，Webサーバに接続し，指定されたファイルを指定されたフォルダー（ディレクトリ）にコピーする（転送する）機能をもちます（図7.2）。誰もがかってに Webサーバにファイルをコピーしては困るので，Webサーバはユーザとして認められた人にだけ，ファイルの転送を許可します。

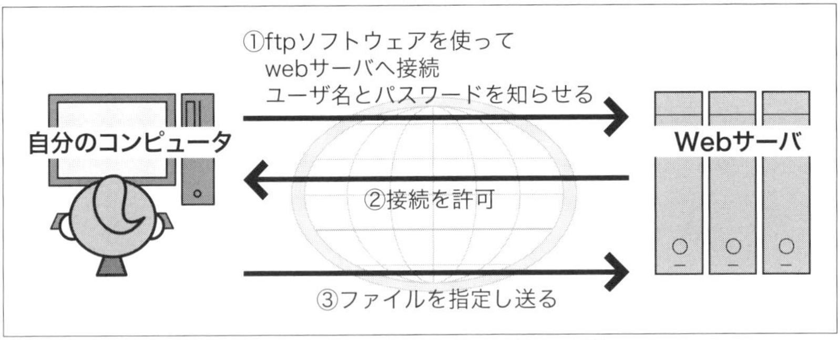
①ftpソフトウェアを使って
webサーバへ接続
ユーザ名とパスワードを知らせる
自分のコンピュータ
Webサーバ
②接続を許可
③ファイルを指定し送る

図7.2　ftpによるアップロードのしくみ

FTPソフトウェアを使ってアップロードする際には，FTPソフトウェアに次のような情報を指定します。

・サーバのホスト名（またはIPアドレス）→ 8.3節，8.4節

・サーバに接続するための，ユーザ名とパスワード
・HTML文書を置く場所（サーバのどのフォルダー（ディレクトリ）か）

これらは使うWebサーバにより異なります。Webサーバを管理している組織（プロバイダや学校）からユーザであるあなたに，必要な情報として伝えられるはずです。

＊2：代表的なFTPソフトウェア
・FFFTP……（フリーソフトウェア，Windows専用）
・WinSCP……（オープンソースソフトウェア，Windows専用）
・Fetch……（シェアウェアソフト，Mac OS X専用）
・Cyberduck……（オープンソースソフトウェア，Windows，Mac OS X）
・Filezilla……（オープンソースソフトウェア，Windows，Mac OS X他）
この他に，OSごとに付属のFTPコマンドも使えます。また，Webページ作成ツール（Dreamweaver，HomePage Builderなど）はFTPの機能を備えています。ファイル転送の機能をブラウザに追加することのできるプラグインや，ホスティングサーバ（レンタルサーバ）が提供するWebブラウザで利用できるFTPサービス機能もあります。

7.4 保　守

印刷物とは違い，Webページはその内容の変更が容易なメディアです。読者は，その不安定さを理解しつつ，一方では新しい，誤りのない情報を要求します。たとえば，意見を募ったり，イベントを知らせるページは，その期日が過ぎた後は，その結果を知らせるページに変更されるべきです。Webページがその目標とする機能を果たし，その質を維持するために必要な作業を「保守」といいます。

組織を代表するようなサイトでは，定期的に保守を行う人的な手当てが必要になるでしょう。個人のサイトでも，自分の提供している情報を活きたものとするために，保守に時間をさく覚悟が必要です。

多くの場合，Webページを制作することに時間と力をかけ，公開した後は忘れてしまいがちです。古い情報が放っておかれ，まったく更新されていないサイトをよく見かけます。保守をこまめに行うことは，Webページの質を高めるのはもちろん，制作に費やしたコストをむだにしないことにつながります。

保守には大きく3つの仕事があります＊3。

＊3：プロバイダによっては，Webページへのアクセスの記録（ログ情報）を提供しています。これからページごとのアクセス数やアクセス経路がわかり，サイトの問題を知る手がかりを与えてくれます。ビジネスを目的としたサイトであれば，アクセスログを解析することも保守の仕事に入ります。解析結果を元に，たとえば，アクセスが少ないページのサイト内での位置を変えたり，metaタグで指定するキーワードを変更するなどの修正を行います。

（1）内容の更新

Webページの内容が古くなっていないかをチェックし，必要に応じて更新します。古い情報を載せ続けるのは，それがたとえ一部分だとしても，サイト全体の信頼性に傷をつけます。

また，定期的な（日，月，年ごと）の更新を必要とする内容もあります。

（2）不具合の修正

テスト時に，外部へのアクセスや表示をチェックしていますが，見つけられなかった不具合もあります。それを修正します。

また，外部リンクへのアクセスは定期的にチェックします。リンク先が移動したり，なくなったりすることがあります。アクセスできない外部リンクを放置するのは，読者の時間をむだにし，サイト自身の信頼性を欠く一因になります。

（3）フィードバックの反映

読者からのフィードバックは，サイトの内容をレベルアップするための大切な情報です。コメントの内容はさまざまで，その価値もいろいろでしょう。すべてのコメントをそのまま受け入れる必要はありません。コメントの内容に応じて，読者に直接返事をしたり，Webページに反映したりします。

（4）セキュリティー対策

Webサイトへの不正アクセスによる個人情報流出やサイト改ざんなどが起こらないように，CMS（Content Management System）などのソフトウェアアップデートや，パスワード管理など，セキュリティー対策は常に注意する必要があります。

《演習問題》

1．6章の演習問題で制作したWebページを表7.1のテストシートを使ってテストしてみましょう。

2．表7.2のインターフェースデザインチェックリストを使って，制作したWeb

ページを評価してみましょう。

3．表7.3の自己評価チェックリストを使って，制作したWebページを評価してみましょう。

4．制作したWebページに対する保守計画を立ててみましょう。
フィードバックへの対応の方針は，たとえば「お礼の電子メールを書き，間違いに対してはすぐに修正，その他の意見は参考として記録する。」のようになります。空行の「保守対象」には項目あるいはページタイトルを書き，それぞれに対する保守計画を考えてください。

保守対象	保守担当者	方針	保守の頻度
外部リンク			
フィードバックへの対応			
サーバ管理（契約・更新）			

COLUMN - 7

コンテンツマネジメントシステムによるサイト構築

Web サイトの制作の手法として増えているものに，CMS というツールがあります。CMS は Content Management System（コンテンツマネジメントシステム）の略で，Web サイトを構成する文章や画像などをブラウザ上で入力や修正することができ，配信を含めたなど Web サイト更新，運営を行うことのできるシステムの総称です。

2005 年ごろから一般にも普及し，個人が情報発信できる手段として爆発的に流行したブログも CMS またはその一部と言えます。

これらは，オンライン上でページの追加や修正などを行うことができるので，更新性が高く，Web オーサリングソフトをもっていないユーザも情報をすばやく書くことができます。また，WYSIWYG（What You See Is What You Get）形式，つまり，見たままがそのままページになる形式なので，HTML などの専門知識をもたずともページを更新することが可能です。そのため，ブログとして利用の他，カスタマイズを行い企業サイトやポータルサイトの構築，管理にも使用されます。

CMS にはオープンソースの無料のものから，企業が専用に開発した有料のものまで多数あり，具体的には以下の種類などが利用されています。

- WordPress：現在世界で一番利用されている CMS。プラグインが豊富でインストールが簡単。
- Joomla：会員制サイトの制作や問い合わせフォーム生成など標準機能だけでも利用しやすい。
- Drupal：拡張性が高く，大規模サイトの構築に向いている。上級者向け。
- XOOPS：モジュール（プラグイン）により機能を追加して作成。
- Movable Type：オープンソース版と商用ライセンス版があります。
- EC-CUBE：EC（ショッピング）サイトが作れる国産 CMS。
- Moodle：学習向け e ラーニングプラットフォーム。オープンソース。

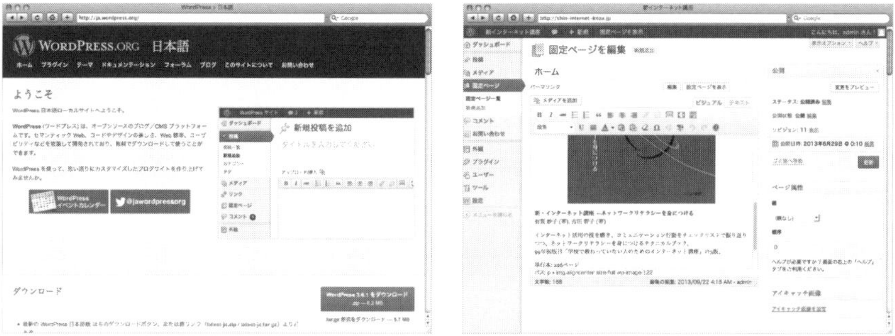

図 CMS ツール　WordPress

ほとんどの CMS が PHP モジュールと MySQL などのデータベース管理システムを使ってコンテンツの管理を行っており，それらが利用できるサーバ環境が必要になります。また，多数のプラグインやテンプレートが開発，配布されており，それらを使用することで機能の追加や見た目デザインの変更を容易に行うことができますが，さらなるカスタマイズには CMS ごとの独自のテンプレートタグや条件処理，PHP，サーバ環境等の知識が必要になります。

数ページの情報をまとめた小さなサイトの場合には必ずしも必要ではないのかもしれませんが，企業サイトやポータルサイトなどの大きなサイトの場合は多数のコンテンツの管理が必要になります。更新機能，コミュニケーション機能，また SEO 対策や他言語化など，インターネットで情報配信を続け，サイトの規模や機能を拡張していくには，CMS は必須のツールといえるでしょう。

技術編

8章 インターネットのしくみ

これまではインターネットをいかに活用するかを考えてきました。この章ではインターネットを支えている技術的なしくみについて説明します。

しくみなんて知らなくても使えると思うかもしれません。よく，「エンジンの構造がわからなくても，車の運転はできる」といわれます。しかし，私たちは車のしくみをまったく知らないで運転しているわけではありません。ガソリンが必要なことやバッテリーやエンジンオイルのことなどを知っています。それで安心して車を運転できるのです。

インターネットのしくみを知る意味もこれと同じです。「どのように動くか」の基本的なしくみを知ることで，トラブルにも冷静に対応できるようになります。

8.1 ネットワーク同士の接続

インターネット以前のコンピュータは，別のコンピュータとデータをやりとりすることもなく，独立して存在していました（スタンドアローン；stand alone）。それが，まずは隣のコンピュータと，そして組織内のコンピュータとつながっていきました。これがローカルエリアネットワーク（LAN（ラン））です。ここにはデータを別のコンピュータと共有したいという強い要求がありました。

組織内で共有できるのなら，別組織との間でのデータのやりとりをしたいと思うのも当然です。これがインターネットのはじまりです。そして，やがて世界中のコンピュータと接続するようになりました（図 8.1）。

ネットワーク同士はゲートウェイ（gateway）*1と呼ばれる装置によって相互に接続します。データはゲートウェイを経由してネットワークの間でやりとりされます。

＊1：ゲートウェイは通信規約の違いを変換して，データをネットワークの間でやりとりする機能をもちます。ルータはゲートウェイの一つで，IP アドレス（→ 8.3節）を判断してデータを中継します。

コンピュータをインターネットに接続するには，無線（Wi-Fiのような無線LAN）あるいは有線（LANケーブル）でまず組織のネットワークに接続します。ここで組織とは，大学や会社，インターネットサービス提供会社（プロバイダ，ISP）を指します。そして，その組織のゲートウェイを通してインターネットに接続されます。

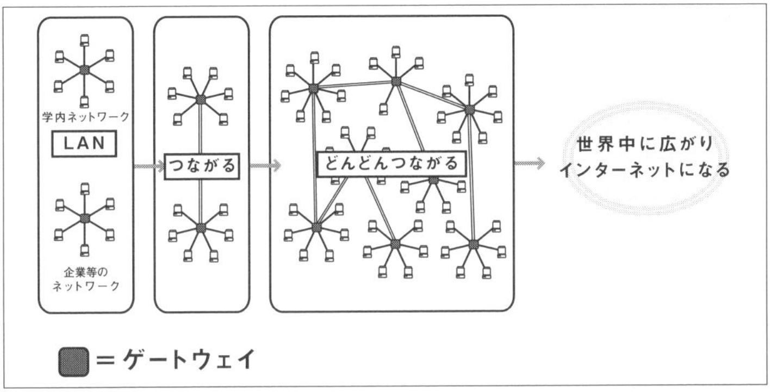

図 8.1　ネットワーク同士の接続

8.2 インターネット上での所在の識別

インターネットには世界中の多くのコンピュータが接続されており，コンピュータ間でデジタル情報をやりとりしています。そのためには相手のコンピュータの所在を特定できなくてはなりません。郵便に住所があり，電話に電話番号があるのと同じように，コンピュータの所在を識別するためにインターネットアドレスとドメイン名というしくみを使います。

郵便の住所の場合を見てみましょう。次の２つは同じ場所を表します。

(a) 東京都千代田区永田町１丁目7-1 衆議院

(b) 1008960

郵便の宛先にどちらを書いても衆議院に届きます。(b) は衆議院の郵便番号（事業所の個別番号）で，コンピュータを使った郵便の配送処理を迅速にしますが，郵便番号を覚えていない限り，それがどこかは人にはわかりません。

コンピュータの所在を識別するためにも，2つの表記方法があります。

(c) www.shugiin.go.jp

(d) 210.136.96.36

どちらも衆議院のWebサーバを表します。(d) はインターネットアドレス（IPアドレス）といい，インターネット上でのコンピュータの所在を一意に表します*2。しかし，郵便番号のような数字の羅列なので，それがいったいどこを表すのかわかりません。人にもわかりやすいように所在を表す方法が (c) で，これをホスト名といいます。

＊2：IPアドレスは，コンピュータのネットワークへの出入口（インターフェース）につけられる番号で，1つのコンピュータが2つのネットワークインターフェースをもつこともあります。

8.3 インターネットアドレス（IPアドレス）

インターネット上のコンピュータの所在を表すのが，インターネットアドレス（IPアドレス）です。IP（Internet Protocol）アドレスによって，インターネットに接続したコンピュータの1台1台が識別できます。IPアドレスは，

```
210.136.96.36
```

のように4つの数字をピリオドでつないで表記されます。

実はIPアドレスは32ビット（4バイト）のデータ，つまり2進数*3で32桁の数字からなります。0と1の並びでは人間には扱いにくいので，8ビット（1バイト）ずつ区切って，それぞれを10進数で表します。これが210.136.96.36のような表記です。

```
11010010 10001000 01100000 00100100
  (210)    (136)     (96)     (36)
```

＊3：日常使う10進法は，0～9までの数字を使い，10ごとに桁が上がります。2進法は0と1の数字を使い，2ごとに桁上がりする数字の表し方です。2進法で表した数字が2進数です。0か1かの2進数の1桁をビットといい，8ビットをひとまとめにして1バイトと呼びます。また，1バイトのことを情報通信分野ではオクテットともいいます。

8ビットの2進数は10進法で表すと0～255[*4]なので，ピリオドで区切られた4つの数字はこの間のいずれかの数字になります。ここまで説明したIPアドレスはIPv4（インターネットプロトコルバージョン4）と呼ばれるもので，256の4乗（約43億）個の番号（アドレス）を表せます。インターネットの普及により，この個数では足りなくなり，そのため128ビットを使う新しいIPアドレスIPv6が開発されています。

IPアドレスは自分で決めるものではありません。重複のないようにインターネットの利用者の間で調整をとるために，IPアドレスの登記所があり，そこから割当てられます（→ 8.5節）。

＊4：2進法の$(10)_2$は10進法で2です。$(11)_2$は10進法の3，次は桁が増え$(100)_2$となり，10進法では4です。2進法のn桁では，2^n種類の値を表すことができます。1バイト（8ビット）では，0～255の256種類の値を表せます。

8.4 ドメイン名とホスト名

郵便住所では，「東京都千代田区永田町1丁目7-1」のように大きな地区（都道府県）から小さな地区（市区町村）へ順に場所を特定します。同様にホスト名も階層構造をもちます。衆議院のWebサーバを表すホスト名www.shugiin.go.jpは，ピリオドで区切られた4つの階層部分からなり，右から順に日本（jp）の，政府組織（go）の，衆議院という組織（shugiin）の，wwwという名前のコンピュータを意味します。この階層の一つひとつのレベル（郵便住所の地区にあたるまとまり）をドメイン（domain）といいます。

ホスト名www.shugiin.go.jpからコンピュータの名前を除いた右の部分（shugiin.go.jp）は，衆議院という組織のインターネット上での識別名，つまり衆議院のドメイン名です。

ドメイン名の構成を整理してみましょう。ピリオドで区切られたいくつかの部分（ドメイン）からなっており，右から左へ大きいドメインを表します。一番右をトップレベルドメインといい，次の種類があります。

・国（地域）を表すドメイン（ccTLD）
　ISO（国際標準化機構）で決められた2文字の国の識別名*5
・ジェネリックトップレベルドメイン（gTLD）
　地理上の所在とは関係のない，組織の種類や企業を表す識別名（表8.1）
・スポンサー付きトップレベルドメイン（sTLD）
　特定の業界，分野を代表する組織がスポンサーとなって運用するドメイン（museum，aero，coop，jobs，travelなどがある）

＊5：ISO（International Organization for Standardization）3166の規定。ただ国の識別名には例外もあります。たとえば，イギリスはISOの識別名はgbですが，ドメイン名ではukも使われます。

トップドメインが国（地域）を表す場合，第2レベルより左のドメイン名のつけ方は，各国（あるいは地域）ごとに決められています。日本でのドメイン名のつけ方には，組織種別（属性）で分ける属性型JPドメイン名，都道府県ごとの都道府県JPドメイン名，地域で分ける地域型JPドメイン名，組織・地域とは関係のない汎用JPドメイン名の4つがあります（表8.2）。サブドメインになる組織名や個人名，汎用JPドメイン名の第2レベルは，すでに登録されている名前と同一でなければ自由につけることができます（表8.2の†2，3を参照）。つまり最初に申請した者が登録できます（先願主義）。また，汎用JPドメイン名，都道府県型JPドメイン名は，同じ者（個人や組織）が複数のドメイン名を登録でき，その移転に制限はありません。ただし，登録者は日本に住所をもつ組織／個人でなければなりません。

表8.1　gTLDの種類

gTLD	用途・対象	備考
biz com info net org	商用 企業，営利団体，個人用 企業，個人の情報提供用 ネットワーク関連組織用 非営利団体用	第2レベルを登録。
edu gov mil int	アメリカ教育機関 アメリカ政府機関 アメリカ軍関係機関 国際機関	特別なgTLD。 特定の機関のみ登録可。

任意の名前 (都市や企業名)	任意	第1レベルを登録。 申請期間が限られ，gTLD を運用できる体制を審査される。

＊ com, net, org などを gTLD とするドメイン名は，レジストラと呼ばれる登録サービス提供会社を通して登録できる。ICANN（The Internet Corporation for Assigned Names and Numbers）の公認レジストラは，https://www.icann.org/ に公開されています。ICANN はドメイン名，IP アドレス，プロトコルなどインターネットの基盤に関する調整を行う目的で設立された非営利法人で，アメリカにある。
＊ドメイン名にはアルファベットのほか，各国の文字（たとえば漢字）を使える。

表 8.2　jp ドメイン名[†5]の構成

	第 4 レベル	第 3 レベル	第 2 レベル	第 1 レベル
属性型 JP ドメイン名	（通常マシン名） （例）www	組織名[†2] .shugiin	組織の属性[†1] .go	国名 .jp
都道府県型 JP ドメイン名		組織名 / 個人名[†3] （例）gojo	都道府県 .kyoto	国名 .jp
地域型 JP ドメイン名[†4]	組織名 / 個人名[†3] （例）neko	市区町村 .chiyoda	都道府県，政令指定都市 .tokyo	国名 .jp
汎用 JP ドメイン名		（通常 マシン名） （例）www	登録申請した文字列[†3] .dokoka	国名 .jp

† 1　組織の属性は，表 8.3 で示したドメイン名のいずれか。
† 2　組織名のつけ方に次のようなルールがある。
・英数字（ASCII 英数字），ハイフンからなる。英大小文字は区別しない。
・最初と最後は英数字の文字列で，3 文字以上 63 文字以下。
・予約ドメイン名（gTLD，地名や属性名）以外。
† 3　都道府県型 JP の第 3 レベル，汎用 JP の第 2 レベルドメイン名には，1 文字以上の日本語文字を含むことができる。
・日本語文字を含むドメイン名は，1 文字以上 15 文字以下。
・JIS X0208 で規定された漢字，ひらがな，カタカナ，一部記号，ASCII の英数字，ハイフンが使えます。ただし，先頭と末尾はハイフン以外の文字。
・普通名詞や市区町村名，政府間機関名など予約ドメイン名は使えない。
† 4　新規登録は終了し，代わりに都道府県型 JP ドメイン名が導入された。地方公共団体とその下部組織のために，次のような属性ラベルが用意（予約）されている。
都道府県属性（第 3 レベルとなる）: pref（道府県）, metro（都）, city（政令指定都市）
市区町村属性（第 4 レベルとなる）: city（市 , 都特別区）, town（町）, vill（村）
たとえば，京都市は city. kyoto.jp，京都府宇治市は city.uji.kyoto.jp
† 5　ドメイン名全体はピリオドを含めて 255 文字以内。

表 8.3　日本の組織属性ドメイン名

ad	JPNIC がインターネットの運営上必要と認めたネットワーク管理組織
ac	高等教育機関，学校法人
co	企業，営利団体
ed	保育所，幼稚園，小中高等学校などの教育機関
go	日本の政府機関
gr	グループで活動している任意団体，個人事業主
lg	地方自治体
ne	ネットワークサービス提供組織
or	非営利団体，国際機関，外国の在日公館

8.5 ドメイン名と IP アドレスの管理

ドメイン名と IP アドレスは世界中でユニークな値でなければなりません。また，その対応にも一意性が必須です。誰かがそれらをぶつからないように割当て，管理する必要があります。このような仕事をするのが，インターネットレジストリ（IR: Internet Registry，登記所）です[*7]。

日本では日本ネットワークインフォメーションセンター（JPNIC（ジェイピーニック））が IP アドレスの割当て管理を，(株)日本レジストリサービス（JPRS）がドメイン名の登録管理を行っています。インターネット上にコンピュータを接続したい組織や個人は，業務を委託された指定事業者を通して，IP アドレスとドメイン名の割当てを申請します。

＊7：ネットワークインフォメーションセンター（NIC）とも呼ばれます。

IP アドレス管理指定事業者は，あらかじめ決められた数の IP アドレス（アドレス空間）を JPNIC から割当てられています。インターネットに接続したい組織や個人は，指定業者に IP アドレス申請をし，指定業者が申請者に割当てます。

IP アドレスは世界中でユニークな値ですが，ユニークであるべきなのは外の世界（インターネット）と直接接続されているコンピュータだけで，他のコンピュータは組織内だけでユニークな値であれば十分です。電話の代表番号と内線番号のようなものです。世界でユニークなIPアドレスをグローバルアドレス，組織内のアドレスをプライベートアドレスといいます＊8。

＊8：次の範囲の値が，プライベートアドレスとして使われます。
10.0.0.0 ～ 10.255.255.255
172.16.0.0 ～ 172.31.0.0
192.168.0.0 ～ 192.168.255.255

インターネットに接続したい組織や人が増えれば，IPv 4 アドレスで表せる約43億個のアドレスはいつかは足りなくなります。枯渇を遅らせるため，組織に与えられるグローバルアドレスの数を制限し＊9，組織内ではプライベートアドレスが使われています。

インターネットサービスプロバイダ（ISP）を利用して，パソコンからインターネットに接続する場合，プロバイダに接続をした時点で，プロバイダ内部でユニークなプライベートアドレスが割当てられます（動的割当て，DHCP）。ですから，利用者は個人でIPアドレスを申請する必要はありません。

＊9：以前，IP アドレスは「クラス」というアドレス空間を単位として割当てられていました。最小単位はＣクラスで，32 ビットの左 24 ビットの値が指定され，右端の 8 ビット分 254 個のアドレスを使えます。この指定された 24 ビット部分をネットワークアドレス，自由に使える 8 ビットをホストアドレスといいます。Ｃクラスの次がＢクラスで，65534 個（16 ビット分）が割り当てられ，多くの場合それ程必要ないため無駄が発生していました。プライベートアドレス技術が進み，コンピュータの台数に応じた IP アドレスは不要になりました。そこで，クラスの考えをはずし（classless），ビット単位で細かく IP アドレスを割当て，無駄のないようにしています。これを CIDR（Classless Inter-Domain Routing）といいます。
CIDR ではどこまでがネットワークアドレスかわからないので，IP アドレスの後ろにスラッシュをつけて表記します。たとえば，210.136.96.0/23 は，左から 23 ビットめまでがネットワークアドレスであることを示しています。
IPv 4 ではいずれ足らなくなるため，ビット幅を 4 倍の 128 ビットにした IPv 6 の研究・導入が進められています。

8.6 インターネット上での情報の伝達

インターネットに接続したコンピュータ間で，滞りなくデータをやりとりするためには，どのコンピュータも同じ通信規約（プロトコル）に基づいてデータを送受信する必要があります。TCP/IP（Transmisson Control Protocol/Internet Protocol）プロトコルがインターネットの標準として使われています。

インターネットを使っていると，自分のコンピュータと相手のコンピュータの間が直結されているような印象を受けますが，実際は違います。1つの情報（電子メールのことも，ファイルのこともWebページのこともあるでしょう）を複数に分割し，それぞれに宛先を振り，多くの中継コンピュータを通過して目的地に着きます。この仕事をしているのが，TCP/IPです。

（1）IP（Internet Protocol）

インターネット上では，IPデータグラムと呼ばれるパケット（小包）を単位としてデータを送ります。IPパケットには送り先，発信元のIPアドレスや時間，パケットの大きさなどの情報が付加されます。小包に荷札がついているようなものです。発信されたIPパケットは，いくつかの中継コンピュータ（ゲートウェイ）を経由して送り先に到着します（図8.2）。中継点を経由しながら，パケットを送り先に届けるのがIPの仕事です。

（2）TCP（Transmisson Control Protocol）

IPパケットの大きさには制限があり，送りたいデータが大きい時にはいくつかに分割して送り，宛先でそれらを元に戻す必要があります。これをするのがTCPです（図8.2）。データは，TCPがいくつかに分割し，番号を振り，IPパケットとして包装し，IPへ送り出します。受け取る時にはIPパケットからデータを取り出し，順番に組み立てます。データが失われたり，壊れた時にはデータの再送信を要求し，通信の信頼性を確保する機能をもちます。

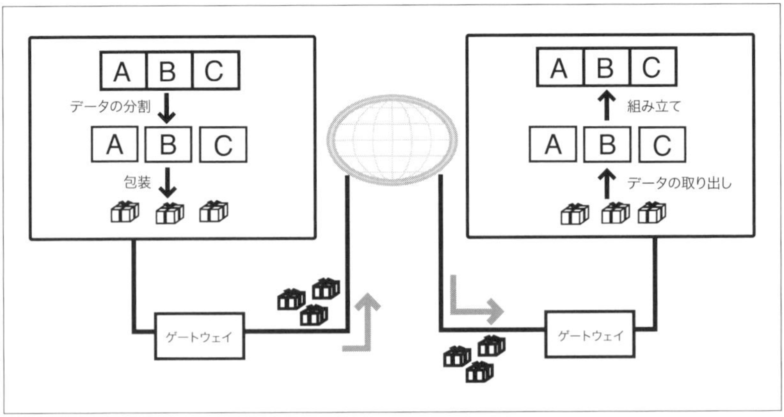

図8.2　インターネット上での情報の伝達

8.7 ドメインネームシステム（DNS）

TCP/IP がデータを送る時，宛先として使うのは IP アドレスです。一方，人が Web ブラウザや電子メールシステムを使う時には，わかりやすいホスト名を用います。www.shugiin.go.jp というコンピュータとデータをやりとりするには，210.136.96.36 という IP アドレスを知る必要があります。つまり，誰かがホスト名に対応する IP アドレスを教えてくれなくてはなりません。この2つを対応させるしくみがドメインネームシステム（DNS）です。

210.136.96.36 = www.shugiin.go.jp という情報を自分の目の前のコンピュータがもっていることもできますが，世界中のコンピュータの情報は膨大ですし，日々更新されるので現実的ではありません。そこで，この情報を分散してもち，必要に応じて「知っている」コンピュータに順に尋ねます。

IP アドレスとホスト名の対応を知っているコンピュータをネームサーバといいます。ドメインの階層ごとに，その階層下の情報をもつネームサーバが決まっており，トップドメインの情報をもっている一番元になるネームサーバをルートネームサーバ*10 といいます。

＊10：世界には 13 のルートネームサーバが登録されており，日本では WIDE Project が 1 つのルートネームサーバを運用しています。

自分の目の前のコンピュータが接続されている組織（学校，会社やプロバイダ）のネームサーバは，組織内のホスト名を管理します。これが一番身近なネームサーバで，たとえば，Web ブラウザは www.shugiin.go.jp というホスト名を指定されると，裏でネームサーバとして指定されたコンピュータ*11 に問い合わせをし，210.136.96.36 という IP アドレスを知らせてもらっています。

もちろん，身近なネームサーバがすべての名前を知っているわけではないので，ドメイン階層を順番にたどり，知っているサーバに尋ねます（図 8.3）。

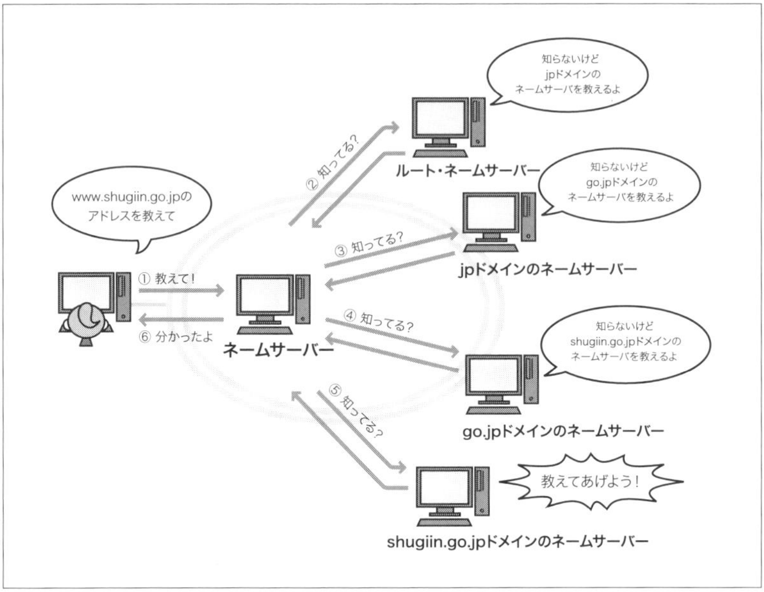

図 8.3　IP アドレスの問い合わせ

＊11：Windows や Macintosh では，「TCP/IP の設定」のネームサーバの項目に，身近なネームサーバの IP アドレスを指定します。
IP アドレスの動的割り当て（DHCP）を使っている場合には，必要な情報が DHCP サーバから与えられ，自動的に設定が行われます。

8.8 インターネットの文字コード

コンピュータでは，文字データはすべて 0 と 1 の並びで，つまり数字で置き換えて表します。文字と数字との対応を文字コードといい，国際的に共通に利用するため，ISO や JIS によってコードが決められています。インターネットで日本語を含むデータのやりとりの際に，標準＊12 として使われるのが，ISO-2022-JP という規格です。

＊12：「標準」といっても法律のようなルールではなく，「皆がこれに準拠すれば快適だよ」という要望です。このような要望を RFC（Request for Comments）といい，多くの場合，インターネットの事実上の標準として採用されています。

この規格は，英数字，記号を表す1バイトコード（JIS X0201 ラテン文字集合）と，漢字を表す2バイトコード（JIS X0208）が混在するデータを，問題なくコンピュータ間でやりとりするための決まりです。ISO-2022-JP は ASCII コードと重なる部分があり，コードだけからはどちらかを判断できません。1バイト文字と2バイト文字を区別するために，ASCII 文字と漢字を切り替える特別なコード（エスケープシーケンス＊13）を使います。

ネットワークでは，できるだけデータ量を減らすため，昔からデータを7ビット単位で送ってきました。8ビットのデータでも，途中のソフトウェアが1ビットめ（最上位ビット）を削り落とすことがあります。このため，インターネットの標準規格（ISO-2022-JP）では，下位7ビットしか使いません（最上位ビットは常に0）。1バイトの JIS カタカナ＊14は8ビットを使うので，ISO-2022-JP には含まれません（→ **前見返し**）。

＊13：たとえば，“a”を表す文字コードは「01100001」，“う”を表すのは「00100100 00100110」です。“う”を表すコードを8ビットずつ見ると，それぞれ“$”と“&”と同じです。そのままでは“a う”なのか“a$&”なのかわかりません。「ここからは JIS 漢字」「ここからは ASCII」ということを知らせる特別な文字列（符号列；シーケンス）を使います。JIS 漢字を示す符号は「ESC $ B」です。ECS はキーボードの ESC（エスケープ）キーに対応した記号で，これから始まるので，エスケープシーケンスと呼ばれます。
＊14：多くの場合，画面上では漢字の半分の幅で表示されるので，俗に半角カタカナと呼ばれるものです。1バイトの JIS カタカナは最上位ビットが1です。

Unicode（UTF-8）も標準の一つとして，インターネット上のデータのやりとりに使われるようになっています。Unicode は世界中の主な文字を一括して扱えるように，番号をふった文字の集合です。どの文字を入れるかどうかは，The Unicode Consortium が決定しています＊15。

当初は16ビット（65536文字）に収めようとしましたが，より多くの文字を収録するために21ビットに拡張されています。UTF-8は，それをコード化する方式の一つで，ASCII 文字はそのまま1バイトとして使われ，漢字は3バイトで表します＊16。

漢字コードにはこのほかに，シフト JIS コード＊17，EUC＊18などがあります。相手と自分の使うソフトウェアが違う文字コードを使っていては，データは正しく文字として読めません。メーラーや Web ブラウザなどのソフトウェアの多くは，文字コードを識別し，自動変換をしています。

＊15：日本の文字は JIS X0201，JIS X0208 と JIS X0212（補助漢字），JIS X0213 が収録されています。
＊16：たとえば，ひらがな「あ」にふられた Unicode は U+3042（U+ は Unicode であることを示す記号）で，これを UTF-8 でコード化すると，0xE3 0x81 0x82（0x は 16 進数であることを示す記号）の 3 バイトになります。
＊17：ISO-2022-JP（JIS 漢字コードとも呼ばれる）を変換（シフト）したコードなので，こう呼ばれます。8 ビット全体を使ったコード体系です。
＊18：EUC（Extended UNIX Code）は UNIX で多く使われるコードで，日本語のほか，中国語，韓国語などがあります。日本語 EUC は，ASCII 文字はそのまま，JIS 漢字は 2 バイトの最上位ビットを 1 に変えたものです。

《演習問題》

1．IP アドレスの割当て方法と電話番号の割当て方法を比較し，似ているところと違うところを考えてみましょう。

2．今，あなたが使っているコンピュータはどのようにインターネットに接続されているかを調べてみましょう。その過程で次のことを確認してください。
　①あなたが使っているコンピュータの IP アドレス
　②ゲートウェイ（ルータ）の IP アドレス
　③ DNS（ドメインネームサーバ）の IP アドレス

3．①日本ネットワークインフォメーションセンター（JPNIC）は IP アドレスの登録管理を行っています。その Web サイト内の WHOIS Gateway（https://www.nic.ad.jp/ja/whois/ja-gateway.html）では，登録されている IP アドレスとその組織の情報を検索できます。自分の所属する組織（大学，会社）の IP アドレスがどのように登録されているか調べてみましょう。

②株式会社日本レジストリサービス（JPRS）はドメイン名の登録管理を行っており，その Web サイトの WHOIS 検索（https://whois.jprs.jp/）では，登録されているドメイン名とその組織の情報を検索できます。自分の所属する組織（大学，会社）のドメイン名を「ドメイン情報」で検索してみましょう。

COLUMN - 8

インターネットの通信の取り決めは RFC という文書で公開

インターネットにおいては，TCP/IP というプロトコルの詳細，WWW のしくみ，メールの送受信のしくみをはじめとする，ネット上のありとあらゆるしくみが公開されているということは，よく知られています。公開されているからこそ，誰でもソフトウェアを作ることができるわけです。では歴史的に，どのようなかたちで，このような情報はネット上に置かれてきたのでしょうか。

1969 年 10 月 29 日に，UCLA（大学）とシリコンバレーの SRI（スタンフォード研究所）の間で，それぞれの場所にある異機種間のコンピュータの通信が可能になりました。これが，ARPANET 実験（後のインターネット）の通信が開通した記念すべき日でした。1969 年 12 月 5 日までにユタ州立大学とカリフォルニア大学サンタバーバラ校も加わりました。

このように，別の地点にある異機種のコンピュータ間で通信を可能にするためには，通信の取り決めが必要となります。そこで前年の 1968 年の夏に，UCLA，SRI，ユタ州立大学から，1 人ずつ若手研究者が集まって会議をして，その時に決めた事項を RFC（Request for Comments；コメント求めます）という名称のメモとして残しました。

公開された RFC には，それぞれ番号がつけられ，意見がある人がその文書を修正するというかたちで，より充実した取り決めにするというスタイルができあがりました。それが，RFC と呼ばれる公開文書の始まりで，TCP/IP というプロトコルの詳細も，WWW のしくみも，メールの送受信のしくみも，すべて RFC として公開されています。現在の公開元は，IETF（Internet Engineering Task Force）という団体です。通常はメーリングリスト上で議論を進め，年 3 回（2 回はアメリカで，1 回はそれ以外の国で）は，会議が開催されています。

RFC はネットに公開されることで，いろいろな人々のコメントを受け取ることが可能となり，その意見を反映させて内容は改善され，しだいに充実していった結果，もともとは非公式文書だった RFC はしだいに権威を増し，実質的な標準に成長していきました。

インターネット標準の TCP/IP という通信規約はコンピュータ間の通信の方法としても，世界的にもっとも普及しており，今さら，どのような理由があってもこれを変更することは不可能となっています。これは，国際標準化団体から認定を受けたわけでもない，いわゆる「ただのメモ（議事録のようなもの）」が，押しも押されもしない「事実上の標準（デファクト・スタンダード）」となって君臨している例といえるでしょう。

ちなみに，インターネットで使われる日本語の文字コードの扱い方は，１章のコラムで紹介した，村井純先生が他の２名とともに，RFC-1468（Japanese Character Encoding for Internet Messages）として，1993年に提出されています。

参考資料：Request for Comments（RFC）
https://www.ietf.org/standards/rfcs/
RFC Search Page（キーワードや番号から検索可）
https://www.rfc-editor.org/search/rfc_search.php

9章 電子メールのしくみ

2章では，他者とのコミュニケーションの視点から，メールの内容を考察しました。この章では，メールの配送や形式など，しくみの観点に立って，メールを快適に使うための知識について説明します。

9.1 電子メールの配達

電子メールの配達のしくみは，私書箱を利用した郵便に似ています。登録しているプロバイダや所属している組織のメールサーバが一番近い“郵便局”です。メールを読み書きするソフトウェアであるメーラー（Windows Outlook や Mac OS X 付属の Mail など）を使って，郵便局へメールを投函したり，私書箱からメールを取り出したりします。図 9.1 に電子メールが配達される流れを示しました。

郵便局，つまりメールサーバでは電子メールの配送ソフトウェアが動いていて，投函されたメールを別の郵便局に送ったり，別の郵便局宛のメールを中継したり，その郵便局に属する人宛のメールを個人の私書箱に仕分けします。個人宛のメールは組織のメールサーバのその人の領域（つまりは私書箱，メールスプールともいいます）に配達されます。受取人は，メールサーバから自分宛のメールをメーラーに移し，そのメールを読みます。

電子メールを出す場合，メーラーの「送信機能」を実行すると，メーラーはそれをメールサーバに送ります。メールサーバは投函されたメールをインターネットに送り出します。宛先がまちがっていたり，相手のメールサーバが動いていないなど，問題があって送ることができないと，その理由とともにメールの送信者に送り返します。

このように電子メールは，郵便局にいったん蓄積されながら，郵便局同士で交換されています。なお，メーラーはメールサーバとやりとりをするので，メーラーの設定にはメールサーバのホスト名（あるいは IP アドレス）を指定する必要があります*1。

*1：メールの送信と受信は別々のソフトウェアが行います。このソフトウェアは同じコンピュータ（メールサーバ）の上で動いていることも，別の場合もあります。ですから，送信用と受信用を別々に指定します。送信用の通信規約は SMTP（Simple Mail Transfer Protocol）で，受信用は POP（Post Office Protocol）または IMAP（Internet Message Access Protocol）です。POP は通常いったんメールを読んだらサーバ（私書箱）に残さないのに対し，IMAP は残すところに大きな違いがあります。メールサーバのホスト名はメールアドレスを発行している組織やインターネットサービス会社から指定されます。

登録ユーザにメールアドレスを与えるインターネットサービス会社（Google や Yahoo など）では，Web ブラウザでメールを読み書きできる機能（Web メール）を Web ページ上で提供しています。多くの大学でも，同様に Web メールを使えるようにしています。Web メールを使えば，Web ブラウザさえあればどこでもメールを読み書きできます。

Web メールでは，明示的に削除しないとメールは私書箱に保存され続けま

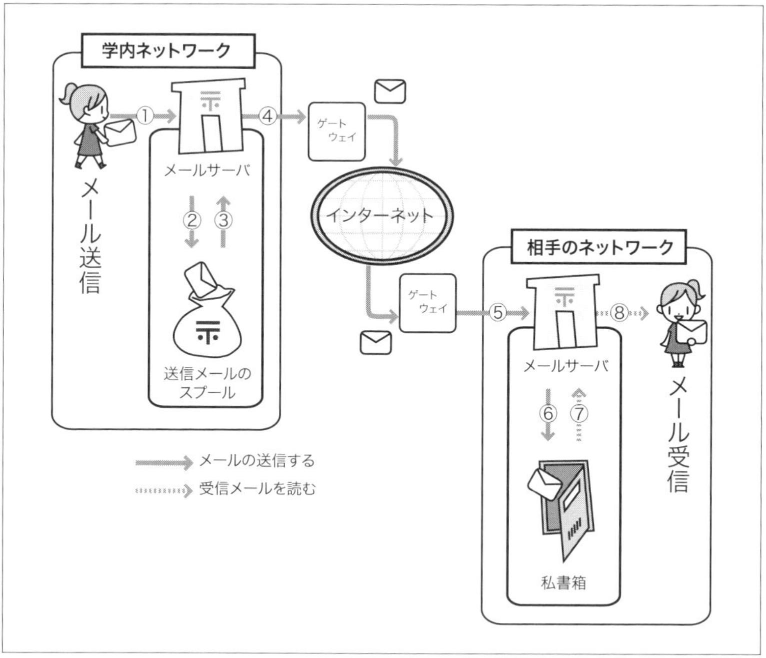

図 9.1　電子メールの配送のしくみ

すので，与えられている容量を超えないように注意しないと正しくメールを受け取れなくなります。

携帯メールは，通信会社が独自の規約でユーザ同士のメールを送受信していますが，自社以外のアドレス宛のメールは，図 9.1 で示したように通信会社のゲートウェイからインターネットを経由してメールがやりとりされます。

9.2 電子メールアドレス

手紙が相手に届くためには住所が必要です。これは電子メールでも同じで，電子メールの住所のことを電子メールアドレス（あるいは単にメールアドレス）といいます。メールアドレスは，たとえば次のような形をしています。

個人の ID@ 組織のドメイン名
個人の ID@ サブドメイン名 . 組織のドメイン名
個人の ID@ メールサーバのホスト名

個人の ID（個人を識別する名称）と，その人が属する組織（大学，会社，プロバイダ，携帯電話会社）のドメイン名，あるいは組織のメールサーバのホスト名を @ でつないだものです。たとえば，webmaster@shugiin.go.jp は衆議院の webmaster という ID をもつ人のメールアドレスを表します。メールアドレスは郵便でいう住所と名前が一体となったものといえます。個人を識別する名称は組織のメールサーバの管理者（ポストマスター）が決定します（希望に従って決めることもあります）。

9.3 電子メールの形式

電子メールは，送信人，宛先などの項目が書かれたヘッダ部分と，手紙の中身部分（ボディ部）からなっています。ヘッダ部分は宛先や件名などのフィールド（項目）がいくつか集まったもので，メールサーバがメールを配送する過程やメーラーがメールを処理する時に使います。フィールドには，

- 発信者自身が書くもの
- メーラーや Web メールアプリが自動的につけるもの
- 配送途中のメールサーバがつけるもの

があります。フィールドの名前は英字で，大小文字の区別はしません。先頭の文字を大文字とするのが一般的です。

メールを読み書きする際には，ヘッダを見る必要はありません。メーラーや Web メールアプリが，ヘッダ情報のなかから必要となるフィールドを表示したり，入力できるようにしています。

9.3.1 発信メール

メールを発信する際に指定する重要なヘッダフィールドについて説明します。inu@animal.ac.jp から mongara@fish.ac.jp へ送ると想定します。

（1）から（5）のフィールドのうち，To（宛先）は必ず指定しなければなりません。送信日時（Date），発信者（From）のフィールドは，メールの送信時にメーラーがつけ加えます。

```
From: "Inu Taro" <inu@animal.ac.jp>
To: mongara@fish.ac.jp ←――――――――――――――――――（1）
Subject: Plan for Summer Holiday ←――――――――――（2）
Cc: penguin@bird.ac.jp ←――――――――――――――――（3）
Bcc: swallow@bird.ac.jp ←―――――――――――――――（4）
Reply-to: inu@dog.ac.jp ←――――――――――――――――（5）

本文
```

（1）宛先人（To）

宛先人のメールアドレス。複数の人に送る場合は，カンマで区切って並べるか，To フィールドを複数書きます。

メーラーのアドレス帳機能で相手の名前とメールアドレスを登録しておき，宛先をそこから指定すると，あるいはアドレスに名前をつけてきた送り手に返信すると，名前とアドレスが次のように並んでこのフィールドに入ります[*2]。

```
"Mongara Goma" <mongara@fish.ac.jp>, "Fue Dai" <fue@fish.ac.jp>
```

＊2：メーラー上では名前だけが表示される場合もあります。日本語の名前は送信時に MIME 符号化されます（→ **9.4節**）。

（2）内容の件名（Subject）

メール内容を簡潔に表したタイトル（→ **9.4節**）。

（3）カーボンコピーの宛先（Cc）

宛先人以外に同じメールを，参考のために送る場合の宛先。メールの受取人にも，誰にカーボンコピーが送られたのかが伝わります。相手が複数の場合は，カンマで区切って並べるか，Cc フィールドを複数書きます。

（4）秘密のカーボンコピーの宛先（Bcc）

宛先人以外にこのメールを送る場合の宛先。Cc と同じですが，Bcc フィールドは削除されて送信されるので，Bcc で誰に送ったかが他の人に伝わりません[＊3]。記録のため自分宛にメールする場合や，「お知らせ」メールに使われます。メールアドレス変更などを知人全員に知らせるような場合です。To か Cc を使うと，相手が多い場合にはメールのヘッダが長くなり，受取人が扱いにくくなる上に，互いに無関係な知人のメールアドレスを知らせることになるため，Bcc を使います。

＊3：Bcc の B は Blind の略です。Bcc フィールドは削除され，To や Cc フィールドには自分のアドレスがありません。なぜそのメールが届いたか不審に思いますが，それが Bcc メールです。

（5）返事の宛先アドレス（Reply-to）

返事の宛先アドレス。この例では，inu@animal.ac.jp からメールを出すが，返事は inu@dog.ac.jp にもらいたいという指定です。メーラーの「返信」機能を使うと，Reply-to フィールドで指定されたアドレスが返信メールの宛先に優先して設定されます。

9.3.2　受信メール

今度は，受信したメール（inu@animal.ac.jp が送った 9.3.1 の発信メール）のヘッダを見てみましょう。発信時につけられたフィールドに加え，メールが送られた軌跡など途中で付け加わる情報も含まれています。メーラーやWebメールアプリはこれらのうち重要な一部のフィールド（発信人，発信日時，件名，宛先（ToとCc）など）だけを通常表示します。ただし，Bccフィールドは送信時に削除され，このメールがswallow@bird.ac.jpへ送られたことは隠されます。

```
Return-Path: inu@animal.ac.jp ←――――――――――――――――――――(1)
Received: ..... ←――――――――――――――――――――――――――――――(2)
        .....
Received: .....
        .....
Message-Id:<52AFB767.2040551@animal.ac.jp> ←―――――――――(3)
Date: Tue,  1 Feb 2022 12:38:09 + 0900 ←――――――――――――(4)
From: "Inu Taro" <inu@animal.ac.jp> ←――――――――――――――(5)
Reply-to: inu@dog.ac.jp
Subject: Plan for Summer Holiday
To: mongara@fish.ac.jp
Cc: penguin@bird.ac.jp
X-Mailer: Microsoft Outlook 15.0 ←―――――――――――――――――(6)

本文
```

(1) エラーメールを戻す先（Return-Path）

メール発信者のアドレス。メールがなんらかの理由で配送できない場合に，送り返す宛先。

(2) 到着経路（Received）

メールがどのような経路を通って届いたかの軌跡（トレース）。複数あるフィールドを，一番下から順にたどると，どのように配達されたかがわかります。

(3) メッセージID（Message-ID）

メールを区別するためにユニークにつけられたID。

(4) 発信日時（Date）

発信人のメーラーが自動的につけたメールの送信日時。+0900は，グリニッジ標準時間と日本時間（JST）との時差です。

(5) 発信人（From）

発信人のメールアドレス。メーラーが自動的につけたもので，この例では，アドレスのほかに発信人が指定してあった名前（Inu Taro）がついています。

（6）独自のフィールド（X- で始まるフィールド）

X- で始まるフィールドには特に決まりはなく，メーラーが好きに使います。X-Mailer はメーラーが自動的につけるフィールドの一つで，メーラーの種類を示すものです＊4。これ以外に多くの X- で始まるフィールドがあります。

＊4：User-Agent： Mozilla/5.0 のように，メーラーの種類を User-Agent というフィールドにつけて送るメーラーもあります。

9.3.3 エラーメール

郵便で，住所あるいは名前をまちがえたために配達できないと，その郵便は郵便局から差出人のところに戻されます。それと同様，なんらかの理由でメールが配達できないと，メールサーバは自動的に，その理由とともにメールを発信人へ送ります。これをエラーメールといいます。

エラーメールはエラー情報と元のメールの2つの部分からなっています。inu@animal.ac.jp が，fish.ac.jp には存在しないユーザ zzz へメールを送ったとします。すると「User unknown」というエラー情報を含む，次のようなメールがメール配送プログラム（メールサーバ）から戻ってきます。

```
Date: Wed, 2 Feb 2022 05:11:37 +0900
To: <inu@animal.ac.jp>
From: "Mail Delivery System" <MAILER-DAEMON@ms.animal.ac.jp>
Subject: Delivery Status Notification (Failure)

  ↓ここからエラー情報
The following message to <zzz@fish.ac.jp> was undeliverable.
The reason for the problem:
5.1.0 - Unknown address error 550-'zzz@fish.ac.jp... User Unknown'

  ↓ここから送った元のメール
From: "Inu Taro" <inu@animal.ac.jp>
To: zzz@fish.ac.jp
Date: Wed, 2 Feb 2022 05:11:35 +0900
Subject: 予定の確認

................（本文）
```

9.4 MIMEと文字コード

9.4.1 MIME

インターネットでやりとりされる電子メールの書式を定めている一番基本の規約[*5]では，メールの1行は改行コードを除いて998文字を超えてはならず，使う文字は英数字と一部の記号だけと規定されています。しかし，これでは漢字などの文字を含むメールや，画像などの文字以外のデータを送ることができません。

アルファベット以外の言語の文字を含むメールや画像ファイルの添付を行えるように，拡張された規約がMultipurpose Internet Mail Extension（MIME：多目的インターネットメール拡張）です。大きく次の2つの事柄に関してルールを定めています。

・メールの本体部分を分割して複数の内容を入れ込むことができるようにしました。これがマルチパートで，添付ファイルはマルチパートの一部として埋め込まれます。

・本体のデータ（文字データや画像データ）を英数字と一部の記号だけで表し（エンコード；encode），読む側で元のデータに戻します（デコード；decode）。これがMIME符号化です。

メーラーは，次のようなヘッダに付加されたMIMEに関する情報を見て，マルチパートの処理や，エンコード／デコードを行います。

```
MIME-Version: 1.0  ← MIMEのバージョン
Content-Type: image/jpeg; name = "……"  ← データ形式
Content-Transfer-Encoding: base64  ← 符号化方式
```

Content-Typeフィールドは，メール本体のデータの種類を示します[*6]。またContent-Transfer-Encodingは，符号化の方式を示します[*7]。

＊5：Internet Message Format（RFC2822）。
＊6：本文データの種類を区別するために，Content-Type フィールドに，タイプ／サブタイプの情報をつけます。たとえば，次のようなものがあります。

text/plain	シンプルなテキスト
text/html	HTML 文書
image/jpeg	JPEG 画像
application/pdf	PDF ファイル
multipart/mixed	複数の種類のデータを含む（マルチパート）メール

＊7：

7 bit	符号化なし，7 bit のテキストデータ
binary	符号化なし，バイナリデータ
base64	64 種類の印字可能な英数字のみを用いて符号化（B 符号化方式）
quoted-printable	8 ビットを 7 ビットの印字可能な ASCII コードに符号化

マルチパートの処理や，エンコード／デコードはメーラーや Web メールアプリが MIME の規約に従って自動的に行うので，コード化されたメールの内容を見ることはありませんが，メールヘッダを見ると日本語を含むフィールドの値がエンコードされているのが確認できます。次はヘッダ内の日本語の Subject で，ISO-2022-JP の日本語文字を B 方式（Base64）でエンコードした結果であることが示されています。

```
Subject: =?ISO-2022-JP?B?GyRCM05HJxsoQg==?=
```

9.4.2 電子メールの文字コード

文字コードの基本については，8.8 節の「インターネットの文字コード」で述べました。メールのヘッダには，そのメールがどの文字コードを使っているかの情報が，Content-Type フィールドの charset 属性に次のように含まれています。

```
Content-Type: text/plain; charset="ISO-2022-JP"
```

この例では，文字コードが ISO-2022-JP であることを示しています。メーラーはこの情報を見て，文字コードを解釈し，表示します＊8。

送信するメールの文字コードは通常 ISO-2022-JP（日本語 JIS）にデフォルト設定されています＊9。Windows や Mac OS のメーラーではシフト JIS コードを使って読み書きするので，メールを送信する際に ISO-2022-JP へ変換し，受信の際にシフトJISに変換して表示します。

＊8：文字化けが起こっている場合は，メーラーの［エンコード］あるい［文字コード］の設定を変えてみてください。
＊9：メーラーで送信する文字コードを選択することも可能です。

9.4.3 使えない，注意すべき文字

メールを書く時に，注意すべき文字をまとめておきます。

(1) 独自拡張文字は使えない

自分のコンピュータが独自に定めている文字は，相手が同じ環境でないと表示されません。独自拡張文字とは次のような文字です。

- 丸のなかに数字が入った文字，ローマ数字，独自の罫線など，コンピュータ会社が独自に決めた文字（機種依存文字）[＊10]
- 利用者が自分でデザインして追加した文字

＊10：携帯電話の絵文字もこれにあたります。絵文字入りの携帯メールをコンピュータのメーラーで読むと，絵文字部分が空白や別の記号で表示されることがあります。

(2) 特殊な漢字には使えない文字もある

すべての漢字が標準的な文字コードのなかに含まれているわけではありませんので，注意が必要です。

(3) JISの1バイトカタカナは使わない

8.8節で述べたように，1バイトカタカナ（半角カナ）は8ビット全体を使う文字コードなので，7ビットだけを送ることを前提にしている電子メール送信システムのなかで問題を起こす可能性があります。もし仮に1バイトカタカナを入力しても，多くのメーラーは送信時に2バイト文字に変換してくれます。メーラーのなかには「1バイトカタカナを使わない」という設定をしないと，この変換をしないものもありますので注意してください。

9.4.4 HTMLメール

文字を装飾したり，表や図形を埋めこんだメールを送るために用意されたメール形式です。HTMLタグを使って実現されるのでこのように呼ばれます。メーラーでは，この形式のメールを送るか否かを選択できますので，その設定

を確認しましょう。

HTML 形式でメールを作成すると，HMTL 形式のメールに加えて，文字情報部分のテキスト形式のメールも含めて送ります。相手が HTML 形式のメールを読めない，あるいは読まないように設定している場合への配慮です。つまり情報が重複して送られ，メールの容量が大きくなります＊11。文字情報だけで十分な場合，不要な情報を付加しているだけで，相手が読めない場合があることを考慮してください。

＊11：たとえば，テキストメールで 15KB の容量の文字だけのメールを，HTML メールで送ると 70KB になります。近年，コンピュータのディスク容量が大きくなり，ネットワークスピードが速くなり，大きな差ではなくなりましたが，携帯メールへ送信する場合も含め，配慮は必要です。

9.5 添付ファイルの送付

9.5.1 バイナリデータの送付

電子メールはもともとテキストデータを送るしくみです。文字だけから構成されるテキストデータ＊12 に対して，画像データや圧縮したファイルを「バイナリデータ」といいます。ワープロや表計算ソフトウェアで作成したファイルも，テキスト以外の特殊なデータを含むので，バイナリデータです。

＊12：テキストデータは文字だけから構成されるため，たとえば Internet とだけ書いたテキストファイルは 8 バイトのサイズです。一方，Internet の一語だけを含む Word ファイルは 13000 バイト以上のサイズになります。

送信，あるいは受信できるメールの大きさ（添付ファイルを含めた大きさ）は発信人，受取人が属する組織（会社や大学）や利用するサービス（google や yahoo）のメールサーバの設定によります。たとえば 25MB と決められていたら，添付ファイルを含め，それを超えた大きさのメールの送受信はできません。自分は送れても相手が受け取れないという場合もあります。また，受取人のメールボックスの容量に空き領域がないと，メールを受け取れません。大きなファイルを添付したためメールが送受信できないということが起こります（→ 2.2.3(23), (24)）。

バイナリデータを含むファイルは通常添付ファイルとして送ります。9.4.1で述べたように，添付ファイルはマルチパートメールの一部として，メール本体に埋め込まれ，テキストデータ（ASCII コード）に変換（符号化）されて送られます。受取人はそれを元のバイナリに戻して（復号化）使います。データの変換やマルチパートから添付ファイルとして取り出す処理は，通常メーラーや Web メールアプリが行ってくれます。ただ，送った添付ファイルを相手が利用できなければ意味がありません。

9.5.2 添付ファイルとコンピュータウィルス

コンピュータウィルスとは，OS やプログラムに入りこみ（感染し），コンピュータに被害を及ぼすように意図的に仕組まれたプログラムのことです。他のコンピュータに伝染したり，コンピュータ内に潜伏して発病する機能をもつのが特徴です。

添付ファイルとして送られてきたバイナリファイルにウィルスが潜んでいたため，被害を受けることがあります。知人から送られたものでも，相手がウィルスの感染に気づいていないことがあります。

ウィルスもソフトウェアなのでプログラムとして働く機能をもったファイルの形で入り込みます。ファイルの拡張子が exe，com，bat，scr，pif であるようなファイルには注意が必要です。加えて，ワープロや表計算ソフトウェアで作成したファイルには，「マクロ」という機能を使ったものがあります。文書やデータ自身にプログラムとして動く機能をもたせるのが「マクロ」です。この部分にウィルスが潜んでいる危険性があります。この種のウィルスを特に「マクロウィルス」といいます。

拡張子に気を付けていればいいだけとはいえません。拡張子を偽装している場合もあります。どのような経緯でウィルスが入り込むかは不明ですから，ウィルス対策ソフトを使って検査することが必要です。しかし，ウィルスは常に進化しているので検査しているからといって，完全に安全ではありません。添付ファイルを受け取った場合は次のような点に注意する必要があります。

- 知らない相手から受け取った添付ファイルは，開かずに削除しましょう。
- 知っている人から届いた添付ファイルも，相手の意図とは無関係に送られた可能性もあります。普段の相手とのやりとりのなかで自然なメールであり，添付ファイルであるか考え，疑問があったら問い合わせをするようにします。

・要らぬ危険や検査の手間を省くためにも，メールの本文にテキストを書けばすむ内容を，ワープロなどのファイルで添付するのは避けるようにします。

《演習問題》

1．あなたの使っているメーラーで，届いたメールのヘッダ全体を表示させてみましょう。

メールヘッダを表示する方法の一例

・Gmail：メールを開き，メール表示上部の［返信］矢印アイコンの右側の▼をクリック，メニューから［メッセージのソースを表示］を選択

・Outlook：メールを表示し，［メッセージオプション］ダイアログを表示

・Active!Mail：メール表示画面の［その他の操作］/［操作を選択］で，［ソース表示］/［ヘッダ確認］のような項目を選択（提供している組織により異なる）

2．自分に来たメールのヘッダを見て，それぞれのフィールドの意味を解析してみましょう。次のことがわかりますか？

①使われている文字コードは何ですか。

②メールの形式（MIME タイプ）は何でしょう。

③件名に表示されている文字列はどのようなものですか。メーラーで表示されている文字とどう違いますか。

④相手はどのようなメーラーを使っていますか。

COLUMN - 9

スタンフォード大学から生まれたもの ～HP社，SUN，Yahoo，Googleそれから…～

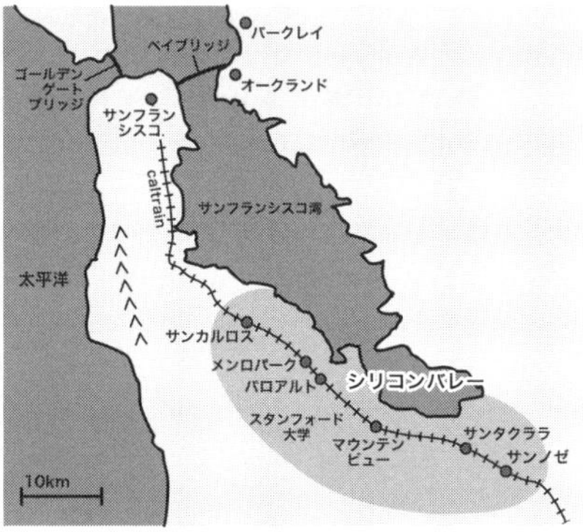

地図　シリコンバレー
(米国カリフォルニア州SFの南側)

インターネットを含むコンピュータの発展の歴史を学ぶ上で無視できないのが，米国カリフォルニア州のサンフランシスコのベイエリアの南部に位置するシリコンバレーでしょう。ただし，シリコンバレーというのは，実在する地名ではなく，パロアルト，マウンテンビュー，サンタクララ，サンノゼなどの地区の通称です。谷（Valley）と呼ばれる盆地地帯に，半導体（シリコン）産業や大手コンピュータメーカー，ソフトメーカー，ハイテク産業が集まっているため，このように呼ばれています。

この地での半導体産業は，1956年にショックレー半導体研究所が作られたときから始まりました。この研究所は，「トランジスタ」の発明でノーベル賞を受賞した3人のうちの1人であるウィリアム・ショックレー（William Shockley，1910-1989）が設立したものでした。

当時は片田舎だったマウンテンビューが，ショックレーの生まれ故郷であったこともあり，トランジスタの商用化をめざした新しい研究所の場所として選ばれたのです。その研究所の若手研究員のなかに，後にインテル社（サンタクララ）を創設するロバート・ノイスやゴードン・ムーアもいました。彼らは1957年にフェアチャイルド社を設立して，ショックレーの元を離れます。そして，翌年，トランジスタの集積化のための技術を使ってロバート・ノイスが世界初の集積回路（IC）を世に送り出し，このICが現在のすべての電子機器の必需品である半導体チップの原型となります。こうして，シリコンバレーが注目されはじめます。

このシリコンバレーの地（パロアルト）にあるのが，スタンフォード大学（1891年設立，私立大学）です。スタンフォード大学は，インターネットの歴史においても重要な役割を果たした大学で，ARPANET（後のインターネット）の通信が最初に行われた1969年の地点の2つのうちの1つが，スタンフォード大学と関係をもつスタンフォード研究所（SRI）でした。また，Smalltalk，イーサネット，レーザープリンタ，グラフィカルユーザインタフェース（GUI）が発明された，米ゼロックス（XEROX）社のパロアルト研究所も，スタンフォード研究所の近くに位置します。つまり，スタンフォード大学は，これらの技術開発拠点のど真ん中にある大学だともいえるわけです。

スタンフォード大学のキャンパス

この大学は理系も文系も非常に高く評価されているうえに，大学院レベルの研究が最先端であるといわれています。これに加えて，学生の起業をサポートする体制が整っていることから，この大学の学生（院生）から多くのベンチャー企業が誕生し，大成功しています。

代表的な出身者だけでも，次の方々があげられます。

- 米HP社（Hewlett Packard社；コンピュータなどの会社）の共同創始者である，ウィリアム・ヒューレット，デビッド・パッカード
- サン・マイクロシステムズ共同創始者である，スコット・マクネリ（ちなみに，サン・マイクロシステムズのSUNの名前はStanford University Networkに由来）
- Yahoo!の共同創始者のジェリー・ヤンとデビッド・ファイロ
- Googleの共同創始者のセルゲイ・ブリンとラリー・ペイジ

スタンフォード大学周辺には米HP社の創始者がスタンフォード大学の教授の家のガレージを借りて事業を始めた「シリコンバレー発祥の地」があります，また，アップル社やグーグル社の発祥地とされるガレージもあり，シリコンバレーでは，ガレージから出発した起業精神を大切にする風土があります。今後も，この地で新しい企業が誕生するのが楽しみですね。

10章 World Wide Web のしくみ

離れたところにある Web サーバから Web ページがどのようにして目の前のブラウザに表示されるか，そのしくみを説明します。

10.1 WWW の動作と URL

Web ページは Web サーバ上に保管されていて，誰かがそれを見にくるのを待っています。誰かとは Web ブラウザで，サーバはブラウザから要求されたファイル（Web ページ）をブラウザへ送ります（図 10.1）。

ブラウザに表示したい Web ページを指示するのは，ブラウザの利用者であるあなたです。この時，どの Web サーバのどのファイル（ページ）を見るのかを指定するために統一的な方法が必要です。これが URL（Uniformed Resource Locator *1）と呼ばれるもので，インターネット上でのファイルの住所にあたるものです。

*1：World Wide Web Consortium（W3C）は URL の考えを拡張して，URI（Uniform Resource Identifiers）という仕様を規定しています。
情報（リソース）のある場所に依存しない永続的な名前をつける方法として提案されているのが，URN（Uniform Resource Name）です。URI は URL と URN とを合わせた呼び方です。本書では，Web 情報を識別するのに，URL を使います。

URL はプロトコル名*2，ホスト名，ポート番号，ディレクトリとファイル名からなります。

プロトコル名 :// ホスト名 : ポート番号 / ディレクトリ名 / ファイル名

ポート番号は省略されることがほとんどなので，URL は，たとえば次のようになります。

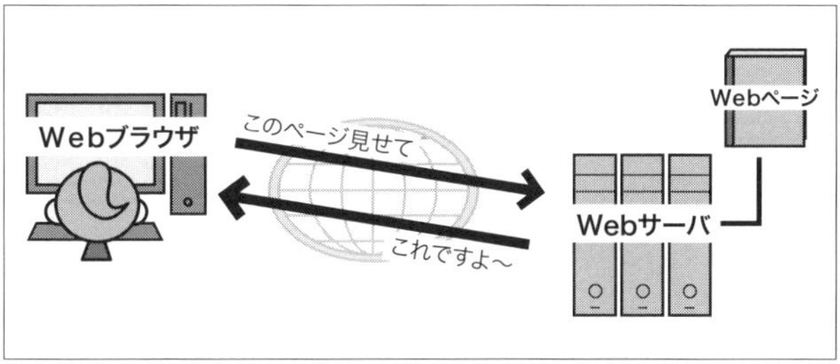

図 10.1　World Wide Web の動作

```
http://www.dokoka-u.ac.jp/comp/index.html
```

ホスト名だけからなるURLでは，ホスト名で指定されたWebサーバがデフォルトとしているファイル（ホームページ）を指します。

(1) プロトコル名[*2]

プロトコルとはサーバとデータをやりとりをするための方式で，通信規約とも呼びます。ブラウザからの要求をどのように解釈するかの規則です。

Webサーバ上のWebページを見るためには，ここにhttpと指定します。これは，HyperText Transfer Protocolの略で，クライアント（ブラウザ）からのリクエストに応じて，ハイパーテキスト情報をサーバから転送するための規則のことです。このため，Webサーバはhttpサーバとも呼ばれます。

実はここに指定できるプロトコル名はhttpだけではありません。1章で述べたように，インターネットでは電子メールやファイル転送など，いろいろなことができます。それらを利用するためのプロトコル名をここに指定すると，ブラウザから直接そのようなインターネットの機能を使うことができます。

＊2：厳密には，URLの先頭はスキーム名と呼ばれ，情報に行き着く手段を表します。多くの場合，プロトコル名を使うので，一般的にプロトコル名と書かれます。http以外には，次のようなものがあります。

- file　コンピュータ上のファイルの内容を表示します。主にローカルマシン（目の前のコンピュータ）上のHTML文書ファイルを表示するのに使います。この場合，ホスト名はlocalhostとなりますが省略できます。ブラウザによってはfile://も略されることがあります。

  【例】file:///mongara/web/test.html
  　　　file://localhost/c:/mongara/web/test.html
  　　　（Windowsではディレクトリ名の前にドライブ名（/c:）を指定する）

- ftp　ファイル転送プロトコル。指定したホストが不特定多数のアクセスを受けつけてくれるAnonymousFTPサーバであると，指定したファイルを送ってくれます。ディレクトリを指定するとその下のファイル一覧が表示されます。
【例】ftp://ftp.dokoka-u.ac.jp/pub/
・https　セキュリティ機能を付加したHTTP。SSL（Source Socket Layer）というデータ暗号化プロトコルを使ってサーバとやりとりします。機密データを扱う場合に用います。

（2）ホスト名

Webサーバのホスト名（またはIPアドレス）を指定します。

（3）ポート番号

コンピュータではftpやhttpなど，いろいろなプログラムがネットワークを介してデータを交換します。今届いたデータはどのプログラムへ宛てたものかを区別するものがポート番号です。http用の番号は80と決められています。

（4）ディレクトリ名

Webサーバは，公開するWebページ群をあるディレクトリ（フォルダ）の下にまとめて格納しています。これをドキュメントルートと呼びます。URLに指定するディレクトリはそこからの相対的な位置となります。

たとえば，ディレクトリ名にcompが指定された場合，ドキュメントルートが /usr/local/www/docs だとすると，サーバは指定されたファイルを /usr/local/www/docs/comp/ から探します。もちろん，ブラウザ側ではサーバのドキュメントルートが何かなど意識する必要はありません。

また，ディレクトリ名がなく，直接ファイル名を指定することもあります。この場合はドキュメントルートにあるファイルを指定したことになります。

（5）ファイル名

見たい情報のファイル名を指定します。ファイル名を指定しないと，サーバがあらかじめ決めてある（デフォルト）ファイルが指定されたものとして，その内容を返します。index.htmlという名前のファイルがよく使われます。

10.2 HTTPのしくみ

前節では，図10.1にあるようにブラウザの要求に従って，URLで指定されたページの内容をWebサーバがブラウザへ返答するという基本動作について述べました。要求し，返答するという1往復のやりとりが行われるわけです。

このやりとりをするためのルールがHTTPです。ここでは，そのやりとりの概要を見てみましょう。

ブラウザで，http://www.dokoka-u.ac.jp/comp/index.html のようにURLを指定すると，ホスト（Webサーバ）www.dokoka-u.ac.jp に対して，

```
GET /comp/index.html HTTP/1.1
```

というデータが送られます*3。GETは続いて指定するファイルの返信を要求するリクエストです。

＊3：これ以外にもブラウザ側の情報などが送られますが，省略しました。

この要求を受け取ったWebサーバは，次のような応答を返します。

```
HTTP/1.1 200 OK
Content-type: text/html; charset = UTF- 8
Content-length:4321
Date: Wed, 2 Feb 2022 20:46:46: GMT
Server:Apache

<!DOCTYPE html>
.........
<html><head>
<title>Dokoka-u Home Page</title></head>
<body> ... （略） ... </body>
</html>
```

<!DOCTYPE html> 以下の部分がWebページの内容で，その上の部分はブラウザが表示の際に使う情報（HTTP応答ヘッダ）です。

「HTTP/1.1 200」とは，「HTTPの1.1バージョンに基づいてデータを正常に送りますよ」という意味です。「200」は正常を意味するステータス番号で，エラーがあるとそれを表す別の番号が入ります*4。ヘッダ最後のServerはホストのWebサーバのソフトウェア名です。

＊4：HTTP/1.1 404 Not Foundのようにエラーメッセージが返信されます。
400番台：クライアント（Webブラウザ）からのリクエストに誤りがあった場合。
500番台：サーバがリクエストの処理に失敗した場合。

httpは，データの種類の識別にMIMEのタイプを使います（→ 9.4.1）。Webサーバは「Content-type: text/html」のように，要求されたデータの種

類を表す情報と，文字コードの情報（charset）を送ります。Web サーバが Content-Type 情報をどのようにつけ，ブラウザがそれをどう使うかを手順を追ってみると，次のようになります（図 10.2）。

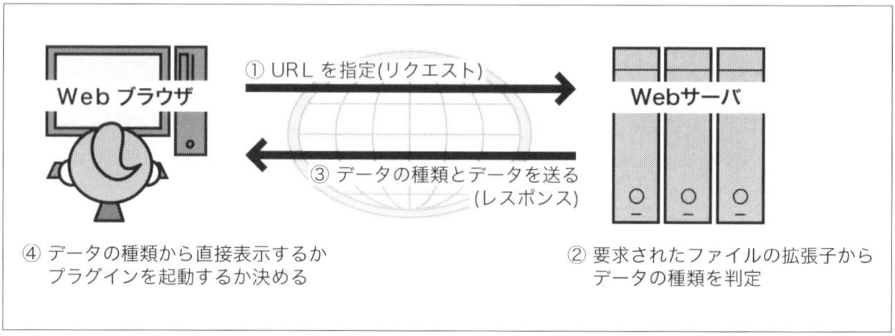
① URL を指定(リクエスト)
Web ブラウザ
Webサーバ
③ データの種類とデータを送る
(レスポンス)
④ データの種類から直接表示するか
プラグインを起動するか決める
② 要求されたファイルの拡張子から
データの種類を判定

図 10.2　World Wide Web での情報表示までの流れ

① URL を指定して情報を要求する。
② Web サーバはファイルの拡張子と Content-Type との対応表をもち，それをリクエストされたファイルの拡張子と照合して，Content-Type と文字コードを決める。タイプに応じてブラウザに送るデータを準備する。
③ Web サーバは，実際のデータの前に，日時や Content-Type を含む情報（HTTP 応答ヘッダ）をつけてブラウザへ送る。
④ブラウザは Content-Type を見て，データを表示／再生する。ブラウザが直接表示できない時は，別のソフトウェア（プラグイン）に処理を頼む[*5]。

＊5：PDF ファイルを表示する Adobe Reader や Flash アニメーションを再生する Adobe Flash Player は代表的なプラグインです。ブラウザのウィンドウ内で起動され，ファイルを処理します。どの種類のデータを直接表示し，どれにプラグインを使うかは，ブラウザの設定によって異なります。
ブラウザの機能を拡張するための「アドオン」というしくみが用意されいて，これを通してプラグインソフトの設定を行うブラウザもあります。プラグインと MIME タイプの対応の一例を示します。

プラグイン	ファイルの拡張子	MIME のタイプ
Adobe Reader	.pdf	application/pdf
Adobe Flash Player	.swf	application/x-shockwave-flash
Apple QuickTime	.mov .qt	video/quicktime
RealPlayer	.rm	application/vnd.rn-realplayer
Windows Media Player	.avi	video/avi

この例では，「Content-type: text/html」から，文字（text）の html 形式のデータであることがわかります。ブラウザは，<!DOCTYPE html> 以下の部分を HTML 形式として解釈し，表示します。

「Content-length:4321」は，この返事全体の長さが何バイトあるかの情報です。ブラウザの下部にデータを何%受信したかが表示されますが，ブラウザが Content-length の情報を使って計算しているのです。

10.3 Web ページと文字コード

(1) 文字コード

世界中の Web サーバからブラウザへ送られた Web ページは，日本語，韓国語，中国語，あるいは特別な文字を使う国の文字コードで書かれている可能性があります。Web ページがどの文字コードで書かれているかを，ブラウザはどのように知るのでしょうか？

ブラウザは次のような情報から文字コードを判別します。

・HTTP ヘッダの Content-Type の charset 情報

```
Content-type: text/html; charset = UTF-8
```

・HTML 文書内の <meta> タグ中の charset 情報（→ 6.11節）

```
<meta charset = "UTF-8">
```

両方の情報がある場合は，HTTP ヘッダの情報を優先します。ブラウザには文字コードを選択する機能があり，これを自動選択と設定すると，HTTP ヘッダあるいは meta タグの情報から，ブラウザが自動的に文字コードを判別して，文字化けが起こらないように表示してくれます。また，ブラウザで特定の文字コードを選択することもできるので，文字化けが起こった時は，設定を変えてみてください。

日本語を含む Web ページ（HTML ファイル）を作成する場合，Web サーバがHTTP応答ヘッダに付加する文字コード，あるいは<meta>タグで指定した文字コードでファイルを保存するようにしましょう。機種依存文字や1バイトカタカナは，たとえ自分のブラウザで表示されたとしても，問題を引き起こす場合があるので，使わないようにします[*6]。

＊6：丸で囲んだ数値や特殊記号のような文字も，数値文字参照で指定すれば，問題はありません。これは「<」や「"」のような記号をWebページ上に安全に表示するのと同じ方法です（ → 6.3節(6) ）。&と;の間に「#10進数表記のUnicode」を記します。たとえば，①は「①」となります。

(2) 改行コード

文字コードではありませんが，コンピュータのOSによって「改行」に使うコードが違うので，注意してください。

- UNIX …… LF
- Windows …… CR+LF
- Macintosh …… CR

LFはラインフィード（次の行への移動），CRはキャリッジリターン（行の先頭への移動）を表すコードです。UNIXではファイルのなかにLFがあるとそれを改行とみなし，WindowsではCRに続いてLFがあると改行とみなします。ブラウザ上で見ているWebページのソースコードを表示してみると，行が長くつながって見えることがあります。これは，HTML文書ファイルの改行コードと，自分のOSの改行コードが違うために起こることです。

なお，改行に使うコードの違いは，Webブラウザ上での表示には影響はありません。

10.4 Webとコンピュータウィルス

Webページには，プログラムやデータファイルを取得（ダウンロード）できるように作られているものがあります[*7]。しかし，ダウンロードしたファイルがコンピュータウィルスに感染している，あるいはそれ自身が悪意をもって作られたプログラムである可能性があります。

ダウンロードしたファイルはウィルスチェックをかけてから実行するのが基

本ですが，必ずしも常にウィルス検査は有効というわけではありません。被害に遭わないためには，ダウンロードをする場合，信頼できるサイト（企業や大学など組織の正式サイトや多くの人が利用する著名サイト）を使うよう心がけるように注意してください。

＊7：これにはファイル転送プロトコル（ftp）を使っています。ftpのサービスを提供しているコンピュータをftpサーバと呼び，ftpサーバにアクセスしてファイル転送を行うソフトウェア（ftpクライアント）を使ってファイルを送受信します。URLのプロトコル部分にftpが指定されると，Webブラウザはftpクライアントとして働き，指定されたホスト（ftpサーバ）にアクセスします。
1.2節，7.3節でファイルを取得したり（ダウンロード），送ったり（アップロード）する時には，ユーザ名とパスワードが要ると述べました。しかし，これでは不特定多数の人が自由にプログラムやデータを取得できないので，それを可能にしたのが，Anonymous（匿名）FTPと呼ばれる機能です。Webブラウザがftpを使ってファイルをダウンロードする時には，この機能を使っています。

さらに，Webページを見ただけで，障害をもたらすプログラムを自動的にダウンロードし，実行させるよう仕組まれたWebページもあります。Webページをブラウザにロードする（表示する）時点で，プログラムの実行を指定する方法を悪用したものです[＊8]。

これは，そのWebページにアクセスしないという方法以外避けることができません。しかし，どのページが危険かは前もってわからないので，怪しげなサイトにはアクセスしない，定期的なウィルスチェックを行う，ウィルス定義ファイルの更新を行うことが大切です。

＊8：JavaScriptのような言語で書かれたスクリプト，Javaアプレット，マイクロソフト社のActive X機能などです。ブラウザのセキュリティの設定で，このような処理の実行を無効にする，あるいは実行する前に確認するといった指定をすることができます。

《演習問題》

1．次のURLを見て，下の質問に答えてください。

http://www.pata.ac.jp/suzu/semi/new.html

①何というプロトコルを使っていますか？
②ホスト名は何ですか？
③ディレクトリ名は何ですか？

2．次に示す4つのURLには誤りがあります。どこが誤りか指摘してください。

① http:/www.dokoka-u.ac.jp/abc/xyz.html
② http: ／／ www.dokoka-u.ac.jp ／ abc ／ xyz.html
③ http://www.dokoka-u.ac.jp/～dareka/index.html
④ http://www.dokoka-u.ac.jp/abc/index.html/

3．次の Web ページをブラウザで表示させ，それぞれに①～②について解答してください。
・衆議院の Web サイトトップページ
https://www.shugiin.go.jp/
・所属する大学・組織の Web サイトトップページ

①ソースを表示し，<meta> タグの記述から使われている文字コードが何であるか確認してください。
②ブラウザの文字コードの設定を変えてどう表示されるかを確認し，その理由を考えてください。

4．次の Web ページは，プラグインで表示・再生される要素を含んでいます。ブラウザ上に表示し，それら要素がどう表示・再生されるかを確認してください。
使っているコンピュータの環境によっては，再生できないかもしれません。その理由は何か，どうしたら再生できるようになるかを考えてください。

・国会参観（衆議院）手続きの参観申込書（PDF）
https://www.shugiin.go.jp/internet/itdb_annai.nsf/html/statics/tetuzuki/sankan.htm
・朝日新聞デジタル（動画）
https://www.asahi.com/video/

COLUMN - 10

「システムに侵入して悪いことをする人」はハッカーではなくクラッカー

マスコミでは，ハッカーを「システムに侵入して悪いことをする人」という意味で使うことがあるのですが，それはクラッカーと呼ぶのが正しいのです。

hack とは，プログラムを解析して手を加えることですから，hakcer（ハッカー）とはそれをする人。つまり，極めて IT に精通した人の事を指す用語がハッカーで，インターネットの世界は優秀なハッカーたちの手によって発展してきました。一方，crack には「割る，壊す」という意味がありますから，他人のネットワークシステムに不正侵入してデータを盗んだり，迷惑な行為を実施するのは，cracker（クラッカー）なのです。

クラッカーの行為の一例に，メールの不正中継があります。これは，外部の発信元（SENDER）が，あるメールサーバーから，不特定多数（RECIPIENT）に対してメールを送りつける行為のことです。1 通のメールの宛先に無数（実際には，ある一定の範囲内）のメールアドレスを列記することができるので，SENDER からメールサーバー間では 1 通送るだけで，後はメールサーバーがそこから数十，数百といったメールをばらまくことになります。これを「SPAM メール」などと呼びます。

● Facebook のめざす“The Hacker Way”とは

さて，Facebook の創始者のザッカーバーグ氏は，2012 年に Facebook がナスダック市場に上場した時に，投資家に向けて書いた手紙のなかに

> 私たちは「“The Hacker Way”（ハッカーウエー）」と呼ぶ独自の文化と経営手法を育んできました。

という文章を書いています。もう少し，本文を引用してみましょう。

> 「ハッカー」という言葉はメディアでは，コンピュータに侵入する人々として不当に否定的な意味でとらえられています。しかし本当は，ハッキングは単に何かをすばやく作ったり，可能な範囲を試したりといった意味しかありません。他の多くのことと同様に，よい意味でも悪い意味でも使われますが，これまでに私が会ったハッカーの圧倒的多数は，世界に前向きなインパクトを与えたいと考えている，理

想主義者でした。ハッカーウエーとは，継続的な改善や繰り返しに近づくための方法なのです。ハッカーは常に改善が可能で，あらゆるものは未完成だと考えています。

（中略）

ハッカーの文化は，非常にオープンで実力主義重視です。ハッカーは，最もすぐれたアイデアやその実行が，常に勝つべきだと考えています。陳情がうまかったり，多くの人を管理している人ではありません。

ザッカーバーグ氏自身が，自分がハッカーであることを誇りにしていることがわかりますね。

とにかく，ハッカーとクラッカー。ことばが似ているうえに，どちらもコンピュータの前にいつも座っている人をイメージしてしまうこの2つのことばを混同しないようにしましょう。

参考文献：ハッカーのリンク集
Eric S. Raymond（編）“The New Hacker's Dictionary - 3nd Edition”
福崎俊博（訳）2003 「ハッカーズ大辞典　改訂新版」（アスキー出版）

参照記事：企業文化は「ハッカーウエー」，速く・大胆に・オープンであれ
フェイスブック上場へ，ザッカーバーグ CEO「株主への手紙」
日経新聞社 2012 年 2 月 2 日
https://www.nikkei.com/article/DGXNASFK0200P_S2A200C1000000/

応用編

11章 JavaScriptを利用したWebページの制作

JavaScriptは，動的にWebページを生成する技術の一つです。ユーザからの入力（マウス操作やキー入力）に対応して，Webページ上の要素を変化させることができます。この章ではWebブラウザ（クライアント）上で実行されるJavaScriptを使ったコンテンツを取り上げます。

11.1 JavaScriptとは

JavaScriptは，対話的（インタラクティブ）なWebページを制作するための技術の一つです。ページに動的な変化をさせたり，ユーザ（読者）からの入力（マウスの操作やキー入力）に対し，Webページになんらかの応答をさせるのに使います[*1]。HTML文書に埋めこまれたJavaScriptの記述をWebブラウザが解釈実行します。

＊1：JavaScriptはNetscape社が開発した言語です。“Java”という言葉が名前についていますが，Sun Microsystems社（現在はOracle社に合併）が開発したプログラム言語Javaとは別物です。
プログラム言語には，書いたプログラムをコンピュータが実行できる形に翻訳（コンパイル）する必要があるものと，コンパイルを必要とせず，書いたプログラムを逐次通訳するように実行する（インタプリット）するものとがあります。前者の例はC言語やJava言語，後者の例はPerl言語です。JavaScriptは後者に属します。ただ，実行スピードが遅いため，最近のWebブラウザでは，JavaScriptをコンパイルして実行するJITコンパイラ（Just-In-Time Compiler）が組み込まれ，スピードを上げる工夫がされています。

JavaScriptを使うと次のようなことができます。

- ・ページの内容を動的に変更する。たとえば，アクセスするごとや日時によって内容を変える。
- ・ウィンドウを新しく開いたり，ウィンドウの位置や大きさを指定する。
- ・マウスの移動やクリックなど，ユーザからの働きかけに応答する（イベント処理）。たとえば，マウスがのった画像を変化する，ボタンがクリックされたら表示を変えるなどの処理を実現できる。

・ユーザが入力した値を元に計算を行う。
・一定時間後，あるいは一定時間間隔で指定された処理を行う。定期的に表示を変化させたり，アニメーションを表示したりできる。
・ユーザが使っているブラウザの種類を判断して，それに応じたページ内容を表示する。

11.2 JavaScriptの基本

11.2.1 <script> タグ

JavaScriptの命令*2（処理の指示）は <script> タグの中に記述します。type属性はスクリプトの種類を表します*3。<script> タグは，<body> と </body> の間，あるいは <head> と </head> の間に記述します。

```
<script type = "text/javascript">
<!--
   JavaScript の記述
//-->
</script>
```

＊2：JavaScriptの基本文法については付録を参照してください。
＊3：スクリプトの種類はMIMEタイプを使って指定します。デフォルトにJavaScriptが設定されており，JavaScriptの場合はtype属性を省略できます。
<!-- と //--> でJavaScriptの記述を囲んでいるのは，JavaScriptに対応していないブラウザにこの部分を無視させるためのものです。JavaScriptをサポートするブラウザがほとんどであり，コメントアウトしない書き方をする場合もあります。

リスト11.1は，JavaScriptを使って文字列をブラウザに表示するだけの例です。<body> の中で，<script> タグが処理され，その中のdocument.write()という処理が実行され，図11.1のように表示されます。documentについては次項で説明します。writeは後ろの括弧の中の文字をブラウザ上に表示せよという命令です。7行目最後のセミコロンは，JavaScriptの命令文の終わりを示す記号です。

```
<html><head><meta charset = "UTF-8">
<title>First Sample</title></head>
<body>
<h1> はじめの例 </h1><hr>
<script>
<!--
    document.write(" この文字は JavaScript で表示しています。");
//-->
</script>
</body></html>
```

リスト 11.1　JavaScript はじめの例

図 11.1　リスト 11.1 の表示結果

<script> タグを <head> と </head> の間に記述すると，<body> の中の要素が表示される前に実行されます。ですから，もしリスト 11.1 の script タグを <head> の中に書くと「はじめの例」の前に，スクリプトによる文字列が表示されます。

11.2.2 document オブジェクト

html ファイルをブラウザにロードすると，自動的に JavaScript のオブジェクト[*4]が生成されます（表 11.1）。これらのオブジェクトには，ロードされた Web ページに関するさまざまなデータが，そのプロパティの値として格納されています。加えて，プロパティの値の他に，オブジェクトを操作するためのメソッドをもっています。

表 11.1　ブラウザオブジェクトの一部

window	ブラウザウィンドウに関するデータをもつオブジェクト。
document	表示されているページの内容に関するデータをもつオブジェクト。
location	現在の URL に関するデータをもつオブジェクト。
navigator	使用されているブラウザに関するデータをもつオブジェクト。

＊4：オブジェクトとは「物」のことです。現実世界にはいろいろな物（たとえば，鉛筆や携帯電話など）があります。物にはその働きがあり，その働きを果たすために，物には「状態」と「ふるまい」があるといえます。たとえば，鉛筆ならその色や太さが状態であり，紙にこすると線が引けるというのがふるまいです。物は世界を構成する「部品」といえます。この「物」の見方をプログラムの世界に持ち込んで，プログラムを作る方法をオブジェクト指向と呼びます。プログラムを構成する「部品」のことをオブジェクトと呼び，オブジェクトの「状態」と「ふるまい」を使ってプログラムを組み立てます。Web ページに組み込まれるプログラムである JavaScript もこの方法を使っています。「状態」をプロパティと，「ふるまい」をメソッドといいます。

このなかで，document オブジェクトは特に重要で，そのプロパティやメソッドを使って，ブラウザに表示されている内容を操作できます。document オブジェクトのプロパティやメソッドの一部を表 11.2 に示します。

表 11.2　document オブジェクトのプロパティとメソッド（一部）

プロパティ		メソッド
bgColor	背景色の値を表す文字列	write("　") 引数†2に表示したい内容を引用符で囲い，html タグを使って指定する。
fgColor	描画色の値を表す文字列	例：document.write(" 文字を表示 ");
images[]	img タグで指定された要素の配列†1	
forms[]	form タグで指定された要素の配列†1	getElementByID("id")　引数†2に id 属性で指定した id を指定すると，その要素を返す。

†1　配列については付録 JavaScript の基本文法 5 を参照。
†2　引数はメソッドが処理をするのに使うデータのことで，かっこの中に指定する。

プロパティやメソッドを使うには，次のようにします。

①オブジェクトのプロパティの値を参照する

オブジェクト名 . プロパティ名

例 document.fgColor

②オブジェクトのプロパティの値を変更する

オブジェクト名 . プロパティ名 = 値 ;

例 document.bgColor="#ffffff"; （ページの背景色を白にする）

③オブジェクトのメソッドを実行する

オブジェクト名.メソッド名（）;
オブジェクト名.メソッド名（引数,…）;
例 document.write("JavaScriptで表示
");
（引数に指定された文字列がhtmlの記述として解釈され，ページの内容に書き出される）

11.2.3 documentオブジェクト内の要素の識別

documentオブジェクトには，タグで指定されたページ上の要素の情報が保存されています。その要素を識別して情報を取り出したい，値を設定したいことがあります。

（1）id属性を使う

タグにid属性で識別のためのidをつけると，documentオブジェクトのgetElementByIdメソッド（表11.2参照）を使ってそのタグ要素を取り出せます。これはプログラムからHTML要素に直接アクセスするしくみであるDOM（Document Object Model）機能のひとつです。リスト11.2の6行目では，imgタグにid属性で"photo"とidを付け，9行目でこの画像要素を取り出し，その属性srcに画像ファイルを指定しています。

```
document.getElementById("photo").src = "hana.jpg";
```

（2）name属性を使う

タグにname属性を指定すると，指定した名前をdocumentオブジェクトのプロパティとして使って参照できます*5。

たとえば，入力フォームためのformタグ（11.3節参照）にname属性を指定し，<form name="keisan>としたとします。name属性でつけた名前keisanがプロパティとなり，このform要素は次のように参照できます。

```
document.keisan
```

＊5：name属性は<form>，<input>，<iframe>など限られた要素にのみ指定が推奨されています。これに対してid属性はすべての要素に共通なグローバル属性です。

```
<html><head><meta charset = "UTF-8">
<title>Script for onmouseover</title></head>
<body>
<h1>JavaScript で画像ソースを指定 </h1>
<hr>
<img alt = "桜の木" id = "photo">
<script>
<!--
    document.getElementById("photo").src  =  "hana.jpg";
//-->
</script>
</body></html>
```

リスト 11.2　JavaScript で画像のソースファイルを指定

図 11.2　リスト 11.2 の表示結果

11.2.4 イベント処理

マウスカーソルが移動した，マウスボタンが押された，ページの状態が変化した（たとえば，ロードが完了した）時などに，ブラウザ内ではそのことを知らせるデータが発生します。それをイベントと呼びます。あるイベントが起こった時に特定の処理を行わせるよう，スクリプトを使って記述できます。

リスト 11.3 は，「花を見る」という文字列の上にマウスが乗った時に，画像が変化するページです。「花を見る」という文字列を <span> タグで囲み，その中にイベントが起こった時の処理を記述しています。これをイベント処理といいます。

onmouseover や onmouseout はイベントの名前で，HTML タグの属性の一種です。イベントの種類，起こる場所を表 11.3 に示します。イベント名の後にイコール（=）を書き，続いて二重引用符ではさんで，具体的な処理を記述します。リスト 11.3 の 6 行目で，onmouseover イベントの処理は，document の photo という名前がついた画像のソース（src）を hana.jpg にするという指定になっています[*6]。

表 11.3　イベントの種類（一部）

イベントの種類	イベント処理が実行されるタイミング	イベント処理を指定する場所
onclick	マウスで要素をクリックした時	ほとんどの要素[†]
onchange	フォームの内容を変更した時	input, select, textarea
onmouseover	マウスカーソルが要素の上に入った時	ほとんどの要素[†]
onmouseout	マウスカーソルが要素から外れた時	ほとんどの要素[†]
onload	読み込みが完了した時	body, frameset
onreset	フォームを初期化した時	form
onsubmit	フォームを送信する時	form
onunload	ページを閉じるか，別のページに移る時	body,　frameset

† HTML 5 ではイベントハンドラの多く（上記では onunload 以外）はグローバル属性として，すべての HTML 要素に指定できる。しかし，意味のある場所（要素）に指定しないと動作しない。

＊6：二重引用符の中にファイル名を指定するので，引用符が入れ子になります。そのため内側のファイル名は一重引用符で囲んでいます（リスト 11.3 の 6 , 7 行目）。
リスト 11.3 では <script> タグが使われていません。イコールの右側が JavaScript の記述として解釈されます。

```
1  <html><head><meta charset = "UTF-8">
2  <title>Script for onmouseover</title></head>
3  <body>
4  <h1> マウスオーバーによる画像の変化 </h1>
5  <hr>
6  <span onmouseover = "document.getElementById('photo').src = 'hana.jpg'"
7         onmouseout = "document.getElementById('photo').src  =  'sakuranoki.jpg'">
8  花を見る
```

```
</span><br>
<img src = "sakuranoki.jpg" alt = " 桜の木 " id = "photo">
</body></html>
```

リスト11.3　マウスオーバーによる画像の変化

(a) マウスが外れた時

(b) マウスが乗った時

図11.3　リスト11.3の表示結果

11.2.5 関数の定義

イベントに応じた処理が複数ある場合は，二重引用符の中にセミコロン（;）で区切って，続けて書きます。しかし，それが次のように長くなると，わかりにくくなります。

```
onmouseover = "1つめの処理; 2つめの処理; 3つめの処理; "
```

複数の一連の処理をまとめて，名前をつけたものをfunction（関数）と呼びます。こうしておくとその処理を複数の場所から使えて便利です。functionの定義は通常<head>タグの中の<script>タグ内に記述します。functionというキーワード，関数名，括弧の中にデータの名前を書き，続く中括弧の中に処理を定義します[*7]。

```
<script type = "text/javascript">
<!--
  function 関数名 (引数のならび) {
```

```
        関数の処理
    }
//-->>
</script>
```

＊7：関数が処理をするのに必要なデータのことを引数と呼びます。括弧の中には引数の名前を書きます。
関数や引数の名前は，JavaScript が使っているもの（予約語）以外であれば，任意につけられます。ただし，英数字，アンダースコア（_）からなる文字列で，名前の先頭は数字以外の文字にします。名前の長さは任意です。

リスト 11.3 を関数を使って書き換えたのが，リスト 11.4 です。マウスイベントが起こると changeImg 関数が実行されます。この時，ファイル名が引数の値として，関数に渡され，関数内で処理に使われます。

```
<html><head><meta charset = "UTF-8">
<title>Script for onmouseover</title>
<script>
<!--
    function changeImg(filename){
        document.getElementById('photo').src = filename;
    }
//-->
</script>
</head>
<body>
<h1> マウスオーバーによる画像の変化 </h1><hr>
<span onmouseover = "changeImg('hana.jpg')"
        onmouseout = "changeImg('sakuranoki.jpg')">
  花を見る
</span><br>
<img src = "sakuranoki.jpg" alt = "桜の木" id = "photo">
</body></html>
```

リスト 11.4　マウスイベントにより関数を実行（リスト 11.3 と同じ機能をもつ）

リスト 11.5 は，onload イベントと関数を使った例で，ページがロードされると，<body> タグに指定された関数 showImg()が実行されます。showImg()関数内では，現在時刻の情報（Date オブジェクト）＊8を取得して，時間から夜か，夕方か，昼かを判断し，それに応じた画像を <img> 要素の src に設定しています。

＊8：現在時刻のDateオブジェクトを作り（→ 付録4），そこから時刻部分をgetHours()メソッドを使って取り出しています。その値を変数hに代入後，if文（→ 付録3(1)）を使って条件分けを行い，時間により処理を変えています。

```
<html><head>
<meta charset = "UTF-8">
<title>Script for onload</title>
<script>
<!--
    function showImg(){
        time = new Date(); // 現在時刻の Date オブジェクト生成
        h = time.getHours(); // 時刻部分を取り出す
        if (h >= 19 || h <= 5){ //19時以降または5時以前なら夜
            document.getElementById("photo").src = "yoru.jpg";
        }else if(h >= 16 && h < 19){ //16時以降19時前なら夕方
            document.getElementById("photo").src = "yugata.jpg";
        }else{ // それ以外は昼
            document.getElementById("photo").src = "hiru.jpg";
        }
    }
//-->
</script>
</head>
<body onload = "showImg();">
<h1> 時間よる画像の変化 </h1>
<hr>
<img alt = "外の風景" id = "photo">
</body></html>
```

リスト11.5　ページがロードされると関数を実行（onloadイベント処理）

11.3 フォームを使ったJavaScriptの例

11.3.1 フォームを記述するタグ……<form>と<input>

フォーム（form）は，選択ボタンや，文字入力域などの要素をまとめて制御するためのコンテナです。<form>タグの中に<input>タグを使って，ユーザの入力を受ける部品を指定します*9。表 11.4 に <input> タグの属性の一部を示します。

＊9：<input> タグは <form> の外に記述しても表示されますが，通常，<form> タグの中に指定します。<form> の外に置いた場合は，<input> タグの属性 form でフォームの id を指定することで，どのフォームに属するかを明確にします。
入力部品は <input> タグのほかに，<button>，<select>，<textarea> タグがあります。

```
<form>
  ↓20 文字分のテキスト入力域，初期値は 0
  <input type="text" placeholder=" 入力してください " size="20"
   name="moji">

  ↓10 文字分の数字入力域，初期値は 0
  <input type="text" value=" 0 " size="10" name="age">

  ↓"計算" のラベルがついたボタン
  <input type="button" value="計算">

  ↓"項目1" から "項目3" の選択肢をもつチェックボックス
  <input type="checkbox" value="1" name="choice"> 項目 1
  <input type="checkbox" value="2" name="choice"> 項目 2
  <input type="checkbox" value="3" name="choice"> 項目 3
</form>
```

表 11.4　<input> タグの属性（一部）

type	text…………テキスト入力域。 number†………数値入力域(属性 max，min で最大値・最小値を設定可)。 date†…………日付入力域（カレンダーが表示され，そこから選択可）。 button…………汎用のボタン。 submit/reset…実行ボタン / 取り消しボタン。 checkbox………オンオフの状態をもつボタン。 radio…………選択ボタン（グループ内で 1 つだけ選択可）。 file……………ファイル名入力域（参照ボタンで選択用ダイアログが表示される）。
name	名前を指定（同じ名前の radio，checkbox は同じグループとなる）。
value	値を指定（radio，checkbox は選択肢のもつ値）。
size	入力フィールドの幅。

checked	ボタンを選択された状態にする。
readonly	入力できない状態にする。
placeholder	最初に表示する内容を指定。

† HTML 5で導入されたタイプ。ブラウザによっては未対応。

11.3.2 数値入力フォームを使ったJavaScriptの例

フォームへの入力をJavaScriptが受け取って処理をする例を見ていきましょう。図11.4（a）に示すように，数字入力域に入力された値を身長（cm）とし，それを使って標準体重を計算するページを作ります（リスト11.6）。

```
<html><head><meta charset = "UTF-8">
<title>Health Check</title>
<script>
<!--
    function calc(){
        h = document.keisan.take.value;
        sw = h/100 * h/100 * 22;
        document.keisan.hyo.value = sw;
    }
//-->
</script></head>
<body>
<h1> 標準体重の計算 </h1><hr>
<form name = "keisan">
    身長 (cm) : <input type = "number" placeholder = "入力" size = "10" name = "take">
    <br><br>
    標準体重 (kg) : <input type = "number" placeholder = "計算結果" size = "10" readonly
    name = "hyo"><br><br>
    <input type = "button" value = "標準体重の計算" onclick = "calc()">
</form>
</body></html>
```

リスト11.6　身長から標準体重を計算する

(a) リスト 11.6 の表示結果　　(b) リスト 11.7 の表示結果

図 11.4　計算結果の表示

<form> タグ内には，２つの数字入力域とボタンがあり，<form> と入力域 <input> には name 属性で名前がついています（14 ～ 18 行目）。また，ボタンには onclick イベントが指定されていて，ボタンが押されると calc() 関数が実行されるようになっています（19 行目）。

<head> タグ内に定義されている calc() 関数の中身を見てみましょう。name 属性でつけられた名前に従い，身長の入力域の値は document.keisan.take.value と書けます（→ **11.2.3**）。document の keisan という名前のついたフォームの take という名前のついた部品の値という意味です。この値を h という名前の変数に入れておき，計算式「標準体重 = 身長（m）× 身長（m）× 22」に使います（７行目）。

```
sw = h/100 * h/100 * 22;
```

JavaScript の中で，乗算（×）は*で，除算（÷）は / で表します（→ **付録 2**）。数字入力域に数字以外の文字が入力された場合，０が入力されたとみなされます。この計算結果を，２つめの数字入力域（name 属性で hyo と指定）の値 value に設定しています（８行目）。

リスト 11.6 では計算結果を，２つめの数字入力域に表示しています（readonly にして入力不可にした）が，入力域である必要はありません。ページ上に直接計算結果を表示するには，リスト 11.7 のようにします。document オブジェクト内の（つまりは Web ページ上に置かれた）要素には innerHTML というプロパティがあり，その中にはその要素を表示している

HTMLの指定（マークアップ）と内容が含まれています。計算結果を表示する文字要素のinnerHTMLを，計算結果の数字に置き換えることで，表示を実現します。（図11.4（b））

まず，リスト11.6の17，18行目の数字入力域の代わりに文字要素を置き，<span>タグで囲んでいます。そしてidをつけます。8行目の関数内で，そのidの要素をdocumentオブジェクトのgetElementById()メソッドで取得し，プロパティinnerHTMLを計算した値に書き換えます。

```
1  <html><head><meta charset = "UTF-8">
2  <title>Health Check</title>
3  <script>
4  <!--
5      function calc(){
6          h = document.keisan.take.value;
7          sw = h/100 * h/100 * 22;
8          document.getElementById("std").innerHTML = sw;
9      }
10 //-->
11 </script></head>
12 <body>
13 <h1> 標準体重の計算 </h1><hr>
14 <form name = "keisan">
15     身長 (cm) : <input type = "number" placeholder = "入力" size = "10" name = "take">
16 <br><br>
17     標準体重 (kg) ：<span id = "std"> 計算結果 </span><br><br>
18 <input type = button value = "標準体重の計算" onclick = "calc()">
19 </form>
20 </body></html>
```

リスト11.7の計算結果を直接表示（リスト11.6と同じ機能）

11.3.3 選択用フォームを使ったJavaScriptの例

5つのチェックボックスを表示し，ユーザがチェックした数に応じて情報を表示するシンプルな例をリスト11.8に示します。typeがcheckboxである5つの<input>タグを指定しています。name属性を同じにすると，その名前の配列の中に5つのチェックボックスが入り（→ 付録5），document.sentaku.sel[0]のようにインデックスで参照できます。関数check()の中で順番にcheckedの値が真（true）であるかどうか，つまりチェックボタンが選択されているかを調べます。チェックされたボックスの数を覚えておく変数countを用意し，チェックされていたらその数を１増やします。これをチェックボックスの数分だけ繰り返すのに，for 文（→ **付録3(2)** ）を使っています。

そして，その数に応じて情報（今の場合は「桜度」の判定結果）を表示します。

```
<html><head><meta charset = "UTF-8">
<title>Sakura Lovers</title>
<script>
<!--
    function check(){
        count = 0;
        for(i = 0; i<5; i++){
            if(document.sentaku.sel[i].checked){
                count = count +1;
            }
        }
        if(count == 0 ) { hantei  = "桜度 0 %";}
        else if (count == 1 ) { hantei = "桜度 20%";}
        else if (count == 2 ) { hantei = "桜度 40%";}
        else if (count == 3 ) { hantei = "桜度 60%";}
        else if (count == 4 ) { hantei = "桜度 80%";}
        else if (count == 5 ) { hantei = "桜度 100%";}
        document.getElementById("kekka").innerHTML = hantei;
    }
//-->
</script>
</head>
<body>
<h1> あなたの「桜度」</h1><hr>
<form name = "sentaku">
<p> あなたの知っている桜をチェック…
<input type = "checkbox" name = "sel"> 山桜
<input type = "checkbox" name = "sel"> 八重桜
<input type = "checkbox" name = "sel"> 染井吉野
<input type = "checkbox" name = "sel"> 枝垂桜
<input type = "checkbox" name = "sel"> 寒桜
</p>
<input type = "button" value = "判定" onclick = "check()"><br><br>
あなたは………：<span id = "kekka"> 桜度 </span>
</form>
</body></html>
```

リスト 11.8　チェックボックスの選択数に応じた表示をする

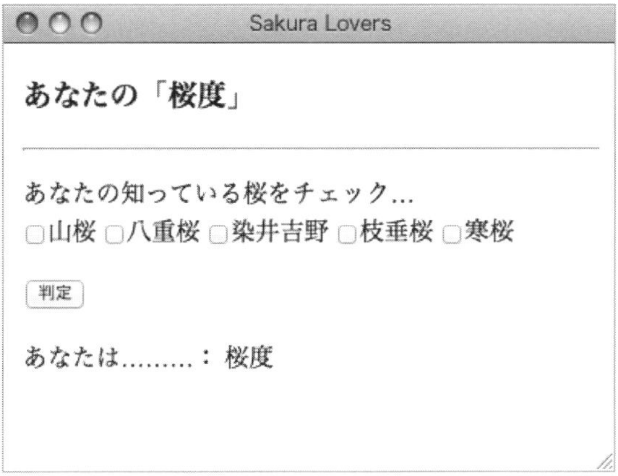

図 11.5　リスト 11.8 の表示結果

《演習問題》

1．肥満度の計算を行うように，リスト 11.6（あるいはリスト 11.7）の機能を拡張してください。肥満度は次の式で計算します。

肥満度＝体重（kg）÷（身長（m）×身長（m））

体重の入力域，肥満度の計算結果を表示する要素を配置し，関数内に肥満度の計算，表示する処理を加えます。

2．肥満度の数値だけだと，それがどのような意味をもつか不明です。肥満度の計算値による判定結果をつぎのように表示するよう，1 をさらに機能拡張してください（判定は世界保健機構 WHO のガイドラインによる)。

肥満度が 18.5 未満……………………………やせすぎ
肥満度が 18.5 以上 25 未満………………標準
肥満度が 25 以上 30 未満…………………太りぎみ
肥満度が 30 以上………………………………肥満

COLUMN - 11

JavaScript ライブラリを活用した Web サイト制作── jQuery

Web サイト制作，コンテンツ開発の際に必須となってきている JavaScript ライブラリ。ライブラリとは共通の処理などよく使う機能（プログラム）を，部品化してまとめたものです。ライブラリを使用することで，シンプルなコーディングで複数の Web ブラウザ互換にも対応する JavaScript が記述できます。

さまざまな JavaScript ライブラリが開発されていますが，そのなかでも jQuery[*1] は Microsoft，Amazon，Twitter などの企業や世界中の Web デベロッパーからも支持され，多くの Web サイトで使用されています。非常に軽量なライブラリで，クロスブラウザに対応しており，ブラウザ別の動作の差異による負担を軽減してくれます。さらに jQuery ライブラリの機能を拡張する jQuery プラグインが世界中で多数開発，公開されており，それらを利用することで，実装にかかる負担を軽減し，Web サイトに多彩な表現やユーザインターフェースを組み込むことができます。

＊1：jQuery は Mozilla Corporation に所属していたプログラマーの John Resig（ジョン・レッシグ）氏によって開発，公開されました。
jQuery には，jQuery ライブラリ本体（jQuery Core）と jQuery 公式プラグインの jQuery UI，スマートフォン用の jQuery Mobile があります。
MIT ライセンスを採用しており，著作権表示を消さなければ，商用・非商用を問わず利用することができます。jQuery 公式サイト　https://jquery.com/

以下に jQuery ライブラリ，jQuery プラグインを用いた画像のポップアップ表示効果「Lightbox 2」[*2]の実装方法を紹介します。

jQuery ライブラリは公式サイトからダウンロード，または CDN（Content Delivery Network）に用意されている jQuery ファイルを読み込んで使用することもできます。jQuery プラグインは jQuery の公式サイトまたは開発者のウェブサイトからダウンロードすることができます。

＊2：「Lightbox 2」開発者 LokeshDhakar 氏のサイト　https://lokeshdhakar.com/
ダウンロードしたファイルの解凍後，css，images，js フォルダを適用するファイルと同じフォルダに設置します。
jQuery プラグインは jQuery 拡張のための JavaScript ファイルのほか，インターフェースの実装に使用するスタイルシートや画像ファイルが含まれる場合があります。
異なるフォルダで共通して使用する場合，パスの階層の値変更で調整可能です。

```
<html>
<head>
<meta charset = "UTF-8">
<title>jQuery Lightbox 2 </title>
<!--jQuery ライブラリファイルの読み込み -->
<script src = "js/jquery-3.4.1.min.js"></script>

<!--jQuery Lightbox プラグインファイルの読み込み -->
<script src = "js/lightbox.js"></script>

<!--jQuery Lightbox プラグインで使用するスタイルシートファイルの読み込み -->
<link href = "css/lightbox.css" rel = "stylesheet">

</head>
<body>
<h1>jQuery Lightbox 2 </h1>
<h2> 単体画像 </h2>
<!-- ポップアップさせたい画像へのリンク a 要素に data-lightbox 属性をつける -->
<a href = "images/image-1.jpg" data-lightbox = "example-1">
<img src = "images/thumb-1.jpg"></a>
<h2> 複数画像 </h2>
<!--data-lightbox 属性の値を同一にするとグループ化され，連続表示 -->
<div class = "image-set">
<a href = "images/image-2.jpg" data-lightbox = "example-set" title = "桜の画像その 2 ">
<img src = "images/thumb-2.jpg"></a>
<a href = "images/image-3.jpg" data-lightbox = "example-set" title = "桜の画像その 3 ">
<img src = "images/thumb-3.jpg"></a>
<a href = "images/image-4.jpg" data-lightbox = "example-set" title = "桜の画像その 4 ">
<img src = "images/thumb-4.jpg"></a>
</div>
</body>
</html>
```

リスト　jQuery ライブラリ，jQuery プラグインを用いた画像のポップアップ表示リストのHTMLファイルがあるフォルダには，js，CSS，imagesの3つのフォルダがあり，その中にはぞれぞれ次のファイルが入っています。

・jsフォルダ…………jQueryライブラリファイル（jQuery-1.8.3.min.js）

　　　　　　　………Lightboxプラグインファイル（lightbox-2.6.min.js）

・CSSフォルダ……Lightboxプラグイン用スタイルシート（lightbox.css）

・imagesフォルダ…表示する画像ファイル

ライトボックスで表示させたい画像を<a>タグでかこみ，href属性でライトボックスに表示する画像ファイルを，data-lightbox属性で任意の名前を指定します（19，20行目）。

24行目から29行目のように，data-lightbox属性の設定値を同一にするとグループ化され，ポップアップされたライトボックス上で，左右矢印によりスライドして表示させることができます。

また，<a>タグ内にtitle属性で名前を指定すると，ポップアップした画像にタイトルや簡単な説明をつけられます。

図　jQuery Lightbox 2の動作

12章 CGIを利用したWebページの制作

CGIもWebページを動的に生成する技術の一つです。11章のJavaScriptがWebブラウザ（クライアント）側で実行されるのに対し，CGIを使ったコンテンツはWebサーバ上のプログラムの実行によって作られます。動的な応答部分がWebブラウザ側で作られるか，Webサーバから送られるかの違いです。

12.1 CGIとは

CGI（Common Gateway Interface）は，ブラウザとWebサーバとの間でデータのやりとりをするしくみです。Webサーバ上で動いているシステム（たとえばデータベースの管理や検索など）への出入口（ゲートウェイ）としての機能をもちます。Webページ上でユーザが行った入力（キー入力やマウスによる選択）をサーバプログラムが使い，クライアント（Webブラウザ）との間でインタラクティブ（対話的）な機能を実現します。

Webサーバ上にデータを処理するためのプログラムをあらかじめ用意しておきます。ブラウザ上でユーザから得たデータはWebサーバ上のプログラムへ渡されます。プログラムはその値を使って処理を行い，結果をブラウザへ返し，ブラウザはそれを表示します。このようにブラウザとWebサーバの間でデータのやりとりを行います。もちろん，ユーザからのデータを使わず，プログラムが実行結果を返すだけのCGIプログラムもあります。CGIを利用することにより，読者アンケートの収集や，ブラウザからの検索要求に対する結果を表示するといったことができます。

CGIを使ってデータをやりとりするプログラムを作るには，プログラミングの知識が必要です。しかし，よく使われる機能をもつプログラムが公開されており，そのようなプログラムを利用すれば，自分のできることの枠が広がります。

12.2 CGI の指定と動き

Web ページから CGI プログラムを実行するには，次の 2 つの方法があります。

(1) <a> タグの href 属性に CGI プログラムのファイル名または URL を指定します。プログラムに渡すデータ（引数）がある場合は，末尾に？をつけ，その後ろにデータを指定します[*1]。リンクを選択すると CGI プログラムが実行されます。

```
（例）<a href = "CGI プログラムのファイル名(URL)? データ ">...</a>
```

(2) <form> タグの action 属性に CGI プログラムのファイル名または URL を指定します。フォーム内に type 属性が submit のボタンを置き，それをクリックすると，CGI プログラムが実行されます。同じフォーム内に <input> タグでデータ入力用フィールドや選択ボタンを用意すると，そこに入力されたデータが送られます。

```
（例）<form action = "CGI プログラムのファイル名(URL)"
            method = " データ送信方法 ">
```

＊1：Web サーバへのデータの送られ方は 12.5.1 で説明します。(1)のように URL に付けてデータを送る場合は get でデータが送られます。また(2)のように，<form> タグを使う場合は，属性 method で，get また post のいずれかのデータ送信方式を指定します。

Web ページ上で CGI を実行した時の，ブラウザとサーバの動きを順を追って見ていきます（図 12.1）。上のいずれかの方法で，CGI プログラムが起動された後の動きです。

①ブラウザは CGI のファイル名または URL を見て，Web サーバにその内容を要求する。

② Web サーバは，そのファイルが CGI プログラムであると識別すると，指定されたプログラムを実行する。CGI プログラムかどうかは，ファイ

ルの拡張子やそのファイルのあるディレクトリ名から判断する。

③ CGIプログラムは，（もしあれば）Webサーバから引数を受け取って処理する。処理の具体的内容はCGIプログラムのなかに書かれている。

④ CGIプログラムは，その実行結果をWebサーバにわかる形で返す。具体的にはMIME形式に従ったタイプの識別子をつけ，多くの場合HTML文書の形に加工してサーバに渡す。

⑤ CGIプログラムからデータを得たWebサーバは，それをブラウザに渡す。

⑥ブラウザはWebサーバから得たデータをそのタイプに従って表示する。

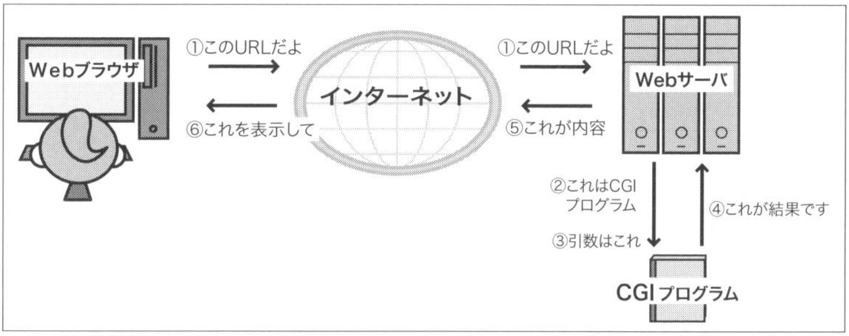

図12.1　CGI実行時のWebサーバとクライアント間のやりとり

12.3 CGIの開発言語と実行権

12.3.1 CGIの開発言語

CGIはWebサーバ上で実行されるプログラムですので，当然，そのWebサーバが実行可能な形でなければなりません。逆にいうと，実行可能なプログラムなら，どのような言語で書かれたものでもかまいません。C言語，Java言語，UNIXのコマンドを指定するシェルスクリプト，Perl，PHPなどが使われます。Perlは多くのサーバ環境で実行可能な，文字列処理が得意な言語で，プログラムはインタプリタ方式*2で実行されます。

＊2：プログラム言語で書かれた命令をコンピュータが実行可能な形式に翻訳する方式の一つ。インタプリタと呼ばれるソフトウェアは，プログラムを1行ずつ解釈しながら実行します。Perl プログラムの実行には，Perl のインタプリタが必要です。

12.3.2 CGI の実行権

CGI プログラムは Web サーバ上で実行されるプログラムですから，プログラムファイルの属性が実行可能になっていないと実行できません。

Web サーバとして使われるコンピュータでは，ファイルごとに，読む，書く，実行するという3つの権限を誰に許すかを指定することができます。CGI プログラムファイルには「誰でも実行できる」という権限を与えておきます[＊3]。

＊3：Web サーバへプログラムファイルをアップロードするには，多くの場合 ftp（→ 7.3節）クライアントソフトウェアを使います。ftp を使ってファイルを Web サーバへ送受信するプログラムです（たとえば，ffftp，FileZilla，Cyberduck など）。その「属性変更」を行う機能で，実行権を与えます。ファイルの「属性」は，そのファイルのオーナー，グループメンバ，その他のユーザごとに設定することができます。

また，ファイルが実行可能でも，Web サーバが許可した CGI プログラムでないと実行できません。Web サーバが CGI プログラムの実行を許可したり，制限したりする方法には，主に次の2つがあります。

①サーバの特定のディレクトリにある実行可能ファイルの実行を許す

②特定の拡張子（多くの場合 .cgi）をもつ実行可能ファイルの実行を許す

①の場合，作成した CGI プログラムは，Web サーバで決められたディレクトリに置く必要があります。cgi-bin という名前のディレクトリがよく使われます。このディレクトリにプログラムを移しておけば，たとえば http://www.dokoka.ac.jp/cgi-bin/test.cgi と指定することで cgi プログラムを実行できます。

②は，Web サーバがあらかじめ決めた拡張子をもったファイルを CGI プログラムとする方法です。どちらの場合でも，プログラムの実行が許可されている必要があります。

12.3.3 CGI の危険性

CGI プログラムは，その中から別のプログラムを実行するなどいろいろなことができるので，CGI プログラムを実行することは，セキュリティの点で Web サーバに対して問題を引き起こす危険性をはらんでいます。悪意をもったプログラムを実行すると，そこから内部に侵入されたり，システムを破壊される可能性があります。そのため，ユーザが作成したCGIプログラムの実行を許すか否かに関して，慎重な姿勢をとっているWebサーバが多くあります。Webサーバが用意しているCGIプログラムしか実行を許さない，あるいはまったく許さないこともあります。使用するWebサーバが，どのような決まりで設定されているかを確認しておく必要があります。

12.4 一方向のCGIプログラム

CGIプログラムの動きを実感するために，簡単なCGIプログラムを作ってみます。この例では，Perl言語を使います。

12.4.1 文字列の表示

リスト12.1を見てください。これは，文字列を表示するだけのCGIプログラムです。

1行めは，「以下の文をperlプログラムとして解釈，実行せよ」という意味です。/usr/bin/perlはperlプログラムを実行するためのプログラム*4の場所を示していて，この場所はWebサーバによって異なります。

2行めと3行めの先頭にあるprintは，Perl言語の文（命令）の一つで，続く二重引用符で囲まれた部分をそのまま出力せよという意味です。最後のセミコロンはPerl言語の文の終わりを表します。

＊4：このプログラムをPerlのインタプリタといいます。1行め先頭の#!はPerlのインタプリタを自動的に起動してプログラムを実行せよという意味です。インタプリタが置かれる場所や起動の方法はWebサーバによって異なります。

12.2節の④で，「CGIプログラムは，その実行結果をWebサーバにわかる形で返す」といいました。Webサーバは実行結果をもとにHTTPの応答（→ 10.2節）を作り，ブラウザへ渡します。そのため，CGIスクリプトの実行結果には，データの形式を表すContent-Type情報をつける必要があります。

2行めの記述は，このためです。text/plainはテキスト形式のデータであることを示します。¥nは改行を表します。リスト12.1を.cgiという拡張子をつけて保存[*5]し，Webサーバの決まりに従い，定められたディレクトリに転送します。そのファイルのURLをブラウザで指定すると，「こんにちは，私はCGIです」という文字列が表示されます。

＊5：Perl言語で書いたCGIプログラムには，拡張子として.plを使う場合もあります。Webサーバの設定により異なります。
Webサーバの基準の文字コード，改行コードに注意してください（→ **10.3節**）。

リスト12.1と見た目の結果は同じですが，CGIプログラムの出力をHTML文書の形にしたのが，リスト12.2（a）です。書き出すHTMLタグと内容をprint文で指定し，全体としてHTML文書がブラウザに渡されるプログラムです。2行めのContent-typeがtext/htmlになっていることに注意してください。同じことを，（b）のように書くことができます。3行目の「print <<EOF;」は，12行目のEOFとの間を書き出すという意味です。（b）の書き方だと，直接HTMLタグと内容を直接指定できるので，見やすくなります。

```
1  #!/usr/bin/perl
2  print "Content-type: text/plain;¥n¥n";
3  print " こんにちは，私は CGI です ¥n";
```

リスト12.1　CGIプログラム例1 …… 文字列の表示

```
1  #!/usr/bin/perl
2  print "Content-type: text/html; ¥n¥n";
3  print "<html>¥n";
4  print "<head>¥n";
5  print "<title> Test CGI</title>¥n";
6  print "</head>¥n";
7  print "<body>¥n";
8  print " こんにちは，私は CGI です ¥n";
9  print "</body>¥n";
10 print "</html>¥n";
11
12
```

（a）1行ずつprint

```
1  #!/usr/bin/perl
2  print "Content-type: text/html; ¥n¥n";
3  print <<EOF;
4  <html>
5  <head>
6  <title> Test CGI</title>
7  </head>
8  <body>
9  こんにちは，私は CGI です
10 </body>
11 </html>
12 EOF
```

（b）まとめてprint

リスト12.2　CGIプログラム例2 …… 文字列の表示

12.4.2 画像の表示

文字と同様，画像（たとえばjpgファイル）を出力するプログラムも作れます。

リスト12.3の2行めで，Content-typeをimage/jpegとし，jpg形式の画像を出力することを指定しています。3行めのopenはファイルへアクセスする命令で，hana.jpgという名前のファイルを開き，これにGAZOという名前（ファイルハンドル名）をつけよという意味です。4行めで，GAZOという名前で開いているファイルの中身を出力しています。これで，jpgファイルの内容が表示されます。

```
1 #!/usr/bin/perl
2 print "Content-type: image/jpeg¥n¥n";
3 open（GAZO, "hana.jpg"）;
4 print<GAZO>;
```

リスト12.3　CGIプログラム例3 …… 画像の表示

画像ファイルの中身をわざわざCGIプログラムを使って表示する意味はありませんが，これを使うと，たとえばWebサーバの時間によってWebページ上の画像を変えるといったことができます。リスト12.4は昼，夕方，夜で出力される画像が変わるプログラムです。#の後ろはコメントで，それぞれの行が何をしているかを説明しています。

リスト12.4をchangeImg.cgiというファイルに保存するとします。これを使ったWebページの例をリスト12.5に，その表示例を図12.2に示します。

リスト12.5で7行めの<img>タグのsrc属性に具体的な画像ファイル名を書く代わりに，CGIプログラムのファイル名を指定しています。これは，リスト12.5が置かれたフォルダの下にcgi-binという名前のフォルダがあり，そのなかにあるchangeImg.cgiを実行して，結果（画像）を埋めこめという意味です。ページに埋めこまれる画像がWebサーバの時間（ローカルタイム）によって変わります。

リスト11.5も見た目は同じ機能をもつページですが，リスト12.5はWebサーバの時間によって画像が変わる点が異なります。

```
#!/usr/bin/perl
$dir = "pict"; # 画像ファイルを置くフォルダ。$ は変数名につける記号。
               # プログラムを /cgi-bin/ に置くとすると,
               # そこからの相対パス, /cgi-bin/pict を意味する
$jikan = (localtime) [ 2 ] ;                # 現在時刻のうちの, 時間情報を得る

if ($jikan > = 19 || $jikan < = 5 ) {       #19 時以降, 5 時以前の場合
   $img = "yoru.jpg";                       # 夜の画像を設定
}elsif($jikan > = 16 & & $jikan < 19){     # ← 16 時以降 19 時より前の場合
   $img = "yugata.jpg";                     # 夕方の画像を設定
}else{                                      # それ以外の場合
   $img = "hiru.jpg";                       # 昼の画像を設定
}

open(GAZO, "./$dir/$img");                  # 設定した画像ファイルを開く

print "Content-type: image/jpeg¥n¥n";       #MIME タイプの設定
print <GAZO>;                               # 画像ファイルの中身を出力
close (GAZO) ;                              # 画像ファイルを閉じる
```

リスト 12.4　CGI プログラム例 4 ……時間により変化する画像

```
<html><head><meta charset = "UTF-8">
<title> Test Change Image </title></head>
<body>
<h1> 時間による画像変化の例 </h1>
<hr>
下の画像はサーバのローカルタイムにより, 変化します。<br>
<img src = "cgi-bin/changeImg.cgi" alt = "Photo changed by the time">
</body>
</html>
```

リスト 12.5　リスト 12.4 を呼び出す HTML 文書

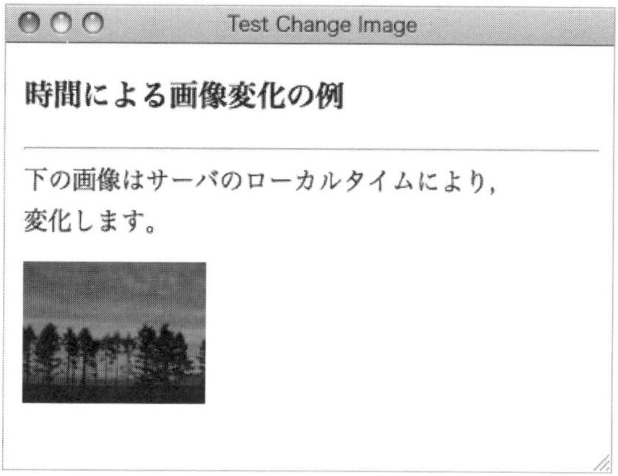

図12.2　リスト12.5の表示例

12.5 ブラウザからのデータ伝達

利用者との間で双方向にデータをやりとりするCGIを実現する準備として，ブラウザからWebサーバへ，つまりCGIプログラムへデータを渡す方法を説明します。

12.5.1 CGIプログラムからみたデータの受け取り

CGIプログラムは，実行される時に「環境」と呼ばれるデータの集まりを受け取ります。ブラウザから送られたデータをCGIプログラムが使えるように，Webサーバはこの「環境」のなかに受け取ったデータを設定します。データの送り方に，getとpostという2つがあります（図12.3）。

（1）get

ブラウザが送ったデータは環境変数（QUERY_STRING）に格納されます。CGIプログラムはQUERY_STRING環境変数の値を取り出して使います。

12.2節で述べた（1）<a>タグのhref属性内にデータを指定する方法，あるいは（2）<form>タグを使う方法でmethod属性にgetを指定した場合は，この get でデータが送られます。Perl の CGI プログラム内で get で送られたデータを使うには，たとえば次のように変数（下の例では data）に読み込みます（代入します）。

```
$data = $ENV{"QUERY_STRING"};
```

（2）post

「環境」のなかに，プログラムがデータを読むために用意された標準入力というものがあります。<form> タグの method 属性に post を指定した場合，ブラウザからのデータはこの標準入力に渡されます。Perl の CGI プログラムで post で送られたデータを変数 data に読み込むには，次のように記述します。

```
read (STDIN,$data,$ENV{"CONTENT_LENGTH"});
```

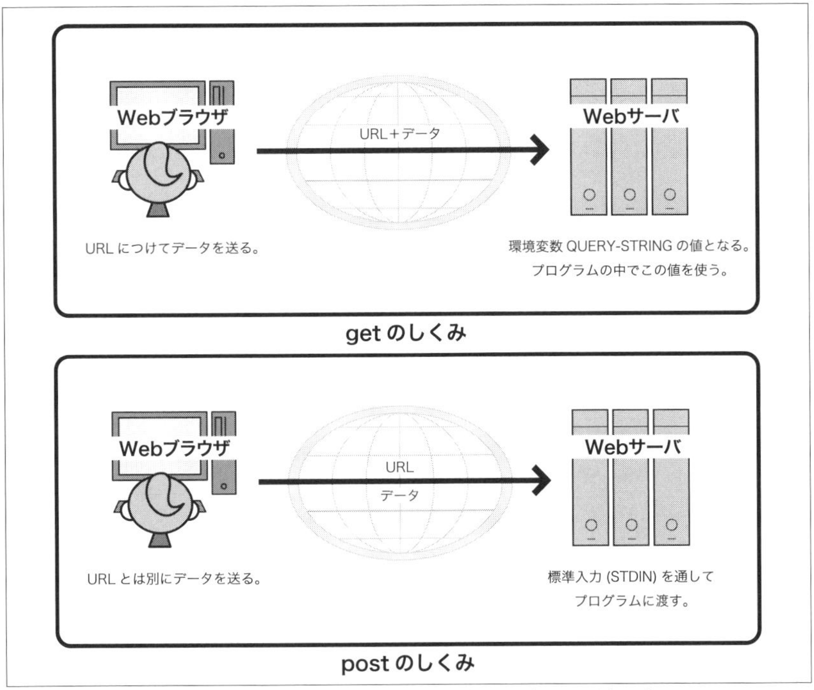

図 12.3　ブラウザから Web サーバへのデータの渡し方

12.5.2 <form> タグの属性

多くの場合，CGIは<form>タグ内の選択ボタンや入力域を通して，利用者からのデータを受け取ります。フォームに入力したデータをCGIプログラムへ渡して，CGIプログラムを実行するための属性について説明します。

(1) method属性

データを渡す方法を指定します。postかgetのいずれかです。指定しないとgetが指定されたものとみなします。どちらの方法を指定したかは，環境変数REQUEST_METHODに入って，CGIプログラムに知らされます。

フォームで入力・選択した値は，次のように，フォーム内の<input>タグに指定したname属性の名前と値がペアとなって（=で結び付けられ），さらに&でつなげられて，送られます。CGIプログラム内では，名前と値を切り出して使います。

```
名前1 = 値1 &名前2 = 値2 &名前3 = 値3
```

(2) action属性

フォームの内容（利用者からの入力）を渡すCGIプログラムのファイル名あるいはURLを指定します。

```
<form action = "CGIプログラムのURL" method = "post">
```

action属性の特別な値として，mailto:に続いて，メールアドレスを記述すると，フォームの内容が電子メールで相手に送られます。この場合，method属性にはpostを指定します。

```
<form action = "mailto: メールアドレス " method = "post">
```

12.5.3 getとpostの比較

getではあまり大きなデータは送れません。getを指定すると，データ（名前と値のペア）はファイル名あるいはURLの末尾に？をつけ，それに続いて

Webサーバに送られます。ブラウザ側でURLの文字数に制限をつけている場合はそれが上限になります（たとえば2000文字）。

一方，postでは大きなデータも送ることができます。しかし，CGIプログラムが処理しきれないような異常なデータを送ると，Webサーバの運用が妨げられることがあります。そのような可能性を考え，CGIプログラム内で異常に大きなデータを読み込まないようにしておく配慮が求められます。

12.6 双方向CGIプログラム

ブラウザからのデータをCGIプログラムへ渡す例を見てみます。

12.6.1 データを送るWebページ

利用者からの入力をCGIプログラムへ渡し，それを使って処理をした結果を表示する例として，身長と体重を入力すると，肥満度の判定をするコンテンツを取り上げます*6。図12.4は，リスト12.6のHTMLファイルの表示結果です。

＊6：11.3.2項で説明した似た機能をもつHTMLファイル（リスト11.6（標準体重の計算））は，JavaScriptを使い，計算はWebブラウザ上で行われます。一方，リスト12.6では，計算はWebサーバ上で実行されるところが違います。

数値入力域に数値を入れ，「計算開始」とラベルのついたsubmitボタンをクリックすると，CGIプログラムhiman.cgiがサーバ側で実行されます。

数値入力域には，それぞれweightとheightの名前がname属性でついていますので，データは次のような形でWebサーバへ送られます。

```
weight =50&height = 160
```

CGIプログラムhiman.cgiでは，この文字列から身長は160で，体重は50というデータを切り出して使います。

```
<html><head><meta charset = "UTF-8">
<title>  himando hantei </title></head>
<body>
<h1> 肥満度を計算します。</h1><hr>
体重と身長を入力してください。
<br><br>
<form method = "get" action = "cgi-bin/himan.cgi">
    体重 (kg) : <input type = "number" name = "weight" size = "10"><br>
    身長 (cm) : <input type = "number" name = "height" size = "10"><br>
    <br><hr>
    <input type = "submit" value = "計算開始">
    <input type = "reset" value = "やりなおし">
</form>
</body></html>
```

リスト 12.6　フォームの入力を CGI プログラムへ送る

図 12.4　リスト 12.6 の表示例

12.6.2　CGI プログラムでの送付データの処理

リスト 12.7 が，体重と身長のデータから計算を行い，図 12.5 のような判定結果を Web ブラウザへ返す Perl プログラムです。

```
#!/usr/bin/perl

print"content-type:text/html;¥n¥n";
print <<EOF;
<html><head><meta charset = "UTF-8">
<title>Himando Hantei</title></head>
<body>
<h1> 肥満度判定結果 </h1><hr>
EOF

$m = $ENV{"REQUEST_METHOD"};
if($m eq "GET"){ $str = $ENV{QUERY_STRING};
}else{
  read(stdin,$str,$ENV{"CONTENT_LENGTH"});
}

@parts = split('&',$str);
$i = 0;foreach(@parts){
   ($name[$i],$value[$i]) = split(" = ");
   $i++;
}
$taiju = $value[0];
$shintyo = $value[1];

$hyojun = ($shintyo/100)*($shintyo/100)*22;
print" 標準体重は $hyojun Kg です。<br>¥n";
$himando = $taiju/(($shintyo/100)*($shintyo/100));
print" あなたの肥満度は $himando で，¥n";

if ($himando<18.5) {print "やせすぎ";}
elsif ($himando<25) {print "標準";}
elsif ($himando<30) {print "太りぎみ";}
else {print "太りすぎ(肥満)";}

print "です。¥n";
print"</body></html>¥n";
```

リスト 12.7　フォームからの入力を処理する CGI プログラム

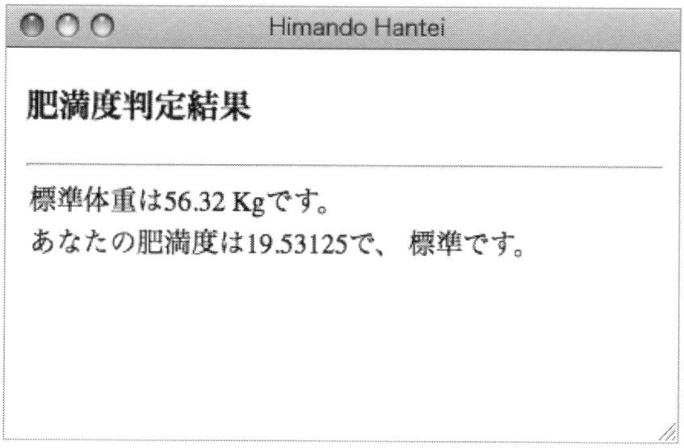

図 12.5　リスト 12.7 が返す Web ページ

4 行目から 9 行目は，図 12.5 の見出し部分と横罫線を表示するタグの書き出しです。

11 行目から 15 行目は，フォームから送られる「weight=50&height=160」のようなデータを変数 str に読み込む処理です。環境変数 REQUEST_METHOD の値を調べて，データの送信方法（method）が get であるか post であるかで，場合分けをしています。このように，<form> タグの method で get/post のいずれが指定されても，対応できるようにします。

17 行目から 23 行目は，変数 str に入ったデータ「weight=50&height=160」から値を取り出し，体重を変数 taiju に，身長を変数 shintyo に代入しています。まず変数 str の中身を & で分け（split），次に名前と値のペアを = で分割し，順番に値を取り出しています。

25 行目から 28 行目で，標準体重と肥満度を計算，結果を書き出し，30 行目から 33 行目で肥満度の値による判定（世界保健機構 WHO のガイドラインによる）をページ上に書き出します。

12.6.3 CGI プログラムへ渡される日本語データ

リスト 12.6 の Web ページから送られるデータは数字だけですが，フォームに日本語や記号が含まれると，それらは送信に安全な文字コード（一部の ASCII コード）に変換されます。

リスト 12.6 の <form> タグ内先頭に，たとえば名前を入力するテキスト入力域（name）を置いたとしましょう。そしてユーザが名前の欄に「あい」と入力した場合，送付されるデータは次のような形になります。

```
name = %E 3 %81%82%E 3 %81%84&weight = 50&height = 160
```

日本語データはその文字コードを 16 進数で表し，頭に % をつけたものに変換されます。このような文字コードの変換を URL エンコードといいます。「あ」の文字コードを UTF-8 で表すと E3　81 82 の 3 バイトになり，それぞれに % を付けて「%E 3 %81%82」となっています。

CGI プログラムは，送付されたデータを元の形に変換（デコード）する必要があります。ここでは詳しく取り上げませんが，そのための Perl プログラムは誰もが簡単に使えるようにネットワーク上で公開されており，それを使って文字コードの処理をします*7。

＊7：広く使われている日本語文字コード変換プログラムに jcode があります。また，デコードサービスを提供しているプロバイダもあります。

●付録　JavaScriptの基本文法

1 変数

変数は，データを保持するための「入れ物」のようなものです。変数には名前がついていて，そこに入れた値を後で参照したり，変更したりできます。オブジェクトのプロパティはオブジェクトに定義されたデータ格納場所（変数）です。

変数を使うには，次のようにvarというキーワードを書き，続いて変数名，=，値を指定します。

```
var 変数名 = 値 ;（例：var x = 12;）
```

varは省略できます。変数名は，英数字，アンダースコア（_）からなる文字列で，名前の先頭は数字以外の文字にします。名前の長さは任意です。ただし，JavaScirptがキーワードとして使う文字列（予約語）は使えません。

変数を関数の外で宣言すると，その変数はその文書内どこででも有効なグローバル変数となります。一方，変数を関数の中で宣言すると，その変数はその関数内だけで有効なローカル変数となります。グローバル変数としてすでに宣言されている変数xを，ローカル変数として宣言したい場合は，varをつけます。

値となるのは，数値，文字列（文字を二重引用符（" "）あるいは一重引用符（' '）で囲んだもの），真偽値（true（真）あるいはfalse（偽）），オブジェクトです。

2 演算子

(1) 代入 / 算術演算子

代入演算子＝は，右側の式を評価（計算）した値を，左側の変数（オブジェクトのプロパティの場合もある）に入れます。

演算子	使い方	意味
＝	a＝b	bをaに入れる
＋	a＋b	aとbを加える
−	a−b	aからbを引く
*	a * b	aとbを掛ける
/	a / b	aをbで割る
%	a % b	aをbで割った余り

文字列に対して＋演算子を使うと，2つの文字列をつなげるという特別な働きをします。

```
x = 12;
moji = x  + " が値です ";
```

変数 mojiには，文字列をつなげた演算結果"12が値です"が代入されます。

(2) 関係演算子

2つの値を比較して，その間の関係を調べ，true（真）あるいはfalse（偽）を返す演算子です。関係演算子を使った演算は，分岐や繰り返し制御を行う際の条件を指定するのに使われます。

演算子	使い方	意味
>	a > b	aがbより大きい時，真（true）となる
>=	a >= b	aがbより大きいか等しい時，真（true）となる
<	a < b	aがbより小さい時，真（true）となる
<=	a <= b	aがbより小さいか等しい時，真（true）となる
==	a == b	aとbが等しい時，真（true）となる
!=	a != b	aとbが等しくない時，真（true）となる

(3) 論理演算子

関係演算子は2つの値の関係を調べて，真偽値を返しましたが，1つの関係だけでなく，複数の関係から真偽値を得たい場合に，論理演算子を使います。たとえば，「xがyより大きく，かつaがbと等しい場合」という条件を調べたい時には，論理演算子を使って2つの関係演算をつなぎます。「かつ」に相当する演算子は&&であり，次のように記述します。

```
x>y && a==b
```

<table>
<tr><th>演算子</th><th>使い方</th><th>意味</th></tr>
<tr><td>&&</td><td>式1 && 式2</td><td>式1と式2の両方が真の時，真（true）となる</td></tr>
<tr><td>||</td><td>式1 || 式2</td><td>式1と式2のどちらかが真の時，真（true）となる</td></tr>
<tr><td>!</td><td>!式</td><td>式がfalseの時，真（true）となる</td></tr>
</table>

・式は計算結果がtrue（真）あるいはfalse（偽）となる式

3 制御構造

条件によって処理の内容を変えたり，同じ処理を繰り返したりする必要が出てきます。これを記述するのが制御構造です。

(1) if-else文（条件分岐）

条件によって処理の内容を変える場合if-else文を使います。

```
◆if 文
 if (条件式){
   文;
 }
```

```
◆if else 文
if (条件式){
    文1;
}else{
    文2;
}
```

```
◆else if 文
if (条件式1){
    文1;
}else if(条件式2){
    文2;
}else if(条件式3){
    文3;
}.....
......
else{
    文n;
}
```

ifに続く（ ）の中に条件を表す式を書きます。条件式の値が真（true あるいは0以外の値）ならば，後ろのブロック（{と} の間）内の文を実行します。条件式の値が偽（false あるいは0）の場合は，if文の次の処理に移ります。

たとえば，次のスクリプトは変数aの値が10以上なら，「10以上」とWebページ上に表示し，そうでないなら，「10未満」と表示します。

```
if (a>=10) {
    document.write("10以上");
} else {
    document.write("10未満");
}
```

処理を3つ以上に分岐する時は，else if 文を組み合わせます。条件式1が真の場合文1を実行し，偽の場合条件式2の判定をします。条件式2が真なら文2を実行し，偽の場合は条件式3の判定に移ります。このように指定された条件式を次々と判定していき，そのどれも真ではない場合elseで指定された文nを実行します。

```
if (a>=10) {
    document.write("10以上");
} else if (a>=0) {
    document.write("10未満0以上");
} else{
    document.write("0より小さい");
}
```

(2) for 文（繰り返し）

条件が満たされている間，ある処理を繰り返し実行します。

```
◆for 文
   for (初期化式;繰返しを続ける条件;更新式){
     文
   }
```

for に続く括弧の中に，セミコロンで区切って 3 つの式を書きます。最初は初期化式で，繰り返しを始める前に 1 回実行されます。中央は繰り返しを続ける条件です。最後の更新式はブロックの中（{と} の間）の文を一度実行したあと，実行される命令です。

繰り返し条件には，値が真あるいは偽である式を書きます。条件の値が真であれば，ブロックの中の処理を実行し，終わると更新式を実行します。次に再び条件を調べ，その値が真ならブロック内を実行し…と繰り返し，条件の値が false になった時，繰り返しをやめます。

1 から 10 までの合計を計算し，結果を変数 a に入れる処理は下のように書きます。i の値が 11 になった時，i<=10 の条件式の値が false になり，繰り返しを終えます。

```
a = 0;
for(i= 1 ; i<=10; i=i+ 1 ){
    a = a + i;
}
```

4 Date オブジェクト

11.2.2 で述べたブラウザがあらかじめ作るオブジェクトのほかに，Web ページの必要に応じて作って使うオブジェクトもあります。その一つが Date オブジェクトです。

Date オブジェクト上は，時間の計算や日付の換算等を行うための働き（メソッド）が定義されています。

(1) Date オブジェクトの作り方

new 演算子を使って，特定の日時情報を含む Date オブジェクトを作ります。

・現在の日付，時刻のオブジェクトを生成

例：today = new Date();

・特定の日付のオブジェクトを生成

Date( )のかっこのなかに年，月，日を表す 3 つの整数を指定（月には 0 ～ 11 を指定。1 月は 0，8 月は 7）。

例：myBirth = new Date(2020,7,25);　← 2020 年 8 月 25 日の意味

(2) Date オブジェクトのメソッドとその使い方

【メソッドの一部】

getDate()	日付を取得（1～31）。
getFullYear()	年（西暦で4桁）を取得。
getDay()	曜日を取得。0～6（0：日曜）。
getHours()	時間を取得（0～23）。
getMinutes()	時間（分）を取得（0～59）。
getMonth()	月を取得。0（1月）～11（12月）。
getSeconds()	時間（秒）を取得。
getTime()	1970年1月1日00:00:00から現在までのミリ秒数を取得。

【メソッドの使い方】

例：today = new Date();
　　document.write(today.getDate());　←今日の日にちをページ上に表示。

例：myBirth = new Date(2000,3,28);　← 2000年4月28日の意味。
　　d = today.getDay();　←曜日を表す数字を変数dの中に代入。

5 配列

変数は1つのデータを格納するものですが，複数のデータをまとめて扱う時に，便利なのが配列です。複数の値をひとまとまりとして名前（配列名）をつけ，1つの変数のようにして扱えます。配列中の個々のデータのことを配列の要素と呼びます。

配列のそれぞれの要素は，配列名と添字（インデックス）を使って表します。添字とは配列の要素に番号をつけたもので，先頭が0で順にふられます。配列名に続いて[ ]を書き，その中に添字を書きます。たとえば，8個の要素を持つ配列hhの場合，配列hhの最初の要素はhh[0]と表し，配列hhの最後の要素はhh[7]と表します。

hh[0]	hh[1]	hh[2]	hh[3]	hh[4]	hh[5]	hh[6]	hh[7]
値	値	値	値	値	値	値	値

hh[3]のように配列名と添字で表した配列の要素は，変数と同じように扱え，値を参照したり，演算の対象にしたり，値を代入したりできます。

配列を作るには，new Array（要素数）として個数を決めた後，個別に値を代入するか，new Array()のかっこの中に値をカンマで区切って指定します。

例：hh= new Array(8);
　　hh[0]=10;
　　hh[0]=11;

例：gazo= new Array("hiru.jpg","yugata.jpg"."yoru.jpg");

● INDEX

【著者紹介】

有賀　妙子（ありが　たえこ）
立教大学理学部卒業，大阪大学情報科学研究科博士後期課程修了　博士（情報科学）
同志社女子大学 特任教授
ユーザインターフェースの開発などコンピュータと人間の相互作用に関する研究に携わり，現在は，情報デザインの視点から情報教育，プログラミング教育に従事。
著書に「すべての人のための Java プログラミング」（共立出版），「マルチメディア表現」（実教出版），がある。

吉田　智子（よしだ　ともこ）
ノートルダム女子大学卒業，立命館大学大学院 社会学研究科修了
京都ノートルダム女子大学 教授
長年，教育現場でのネットワーク構築および教育環境の調査に携わり，現在は，情報教育，特に，テクノ工作を取り入れたプログラミング教育のカリキュラム作りに挑戦している。
著書に「オープンソースの逆襲」（出版文化社）などがある。

大谷　俊郎（おおたに　としお）
京都芸術デザイン専門学校 情報デザイン総合コース卒業
京都造形芸術大学 芸術学部 通信教育部 情報デザインコース卒業
京都芸術大学，関西大学，京都ノートルダム女子大学 非常勤講師
同志社女子大学メディアサポートセンター スタッフ
複数の教育機関で教員として従事。教材開発・研究業務のほか，フリーランスのデザイナーとして企業のグラフィック，Web サイト，マルチメディアコンテンツの制作を行っている。

【イラスト】
澤田祐希

【装丁】
大谷俊郎

【本書のサポートページ】
https://www.notredame.ac.jp/hc/internet/
「演習問題の解答例や解説」「参考 Web ページのリンク」「本書で取り扱った内容をより詳しく知るための読書案内」ほか，盛りだくさんの情報を提供しています。

改訂新版 インターネット講座
―ネットワークリテラシーを身につける―

1999年9月10日　初版第1刷発行
2000年9月5日　初版第3刷発行
2001年7月30日　2版第1刷発行
2003年1月20日　2版第2刷発行
2005年1月20日　3版第1刷発行
2010年1月20日　3版第3刷発行
2014年2月20日　改訂新版（4版）第1刷発行
2023年3月20日　改訂新版（4版）第3刷発行

定価はカバーに表示してあります。

著　者　有賀　妙子
　　　　吉田　智子
　　　　大谷　俊郎

発行所　㈱北大路書房
〒603-8303　京都市北区紫野十二坊町12-8
電　話（075）431-0361㈹
FAX（075）431-9393
振　替　01050-4-2083

印刷・製本●㈱太洋社
検印省略　落丁・乱丁本はお取り替えいたします。
ISBN 978-4-7628-2830-0　Printed in Japan

HTML コード表

<table>
<tr><th>種類</th><th>タグ</th><th>説明</th><th>属性</th></tr>
<tr><td rowspan="10">基本タグ</td><td><html> </html>
<head> </head>
<meta>
<title> </title>
<body> </body></td><td>Web ページの内容全体を囲む
この文書自身の情報を書く
ページ自身の情報
Web ページのタイトルを表す
文書の本体を表す</td><td></td></tr>
<tr><td>
</td><td>改行を指示するタグ。終了タグはない</td><td></td></tr>
<tr><td><h1> </h1>
....
<h6> </h6></td><td>6 段階の見出し，h1 が一番上位階層（通常強調される）</td><td>・align = left | center | right*
左詰，中央，右詰の水平位置を指定</td></tr>
<tr><td><hr></td><td>改行した上で，横罫線を 1 本引く
終了タグはない</td><td>・noshade 影のない線
・size= ピクセル数 線の太さ
・width= ピクセル数 | パーセント 線の長さ*
・align = left | center | right 水平位置の指定*</td></tr>
<tr><td><!-- ..... --></td><td>コメント</td><td></td></tr>
<tr><td><p> </p></td><td>段落（パラグラフ）</td><td>・align = left | center | right*
左詰，中央，右詰の水平位置を指定</td></tr>
<tr><td><blockquote> </blockquote></td><td>引用。左に空白（インデント）をとって表示</td><td></td></tr>
<tr><td><pre> </pre>

<em> </em>
<strong> </strong>

<code> </code>
<cite> .... </cite>
<q> .... </q></td><td>整形済みテキスト。空白や空行を含めてそのまま表示される
強調
<em> より強い強調。重要性を表す
プログラムコードの一部
作品のタイトル
引用や参考文献</td><td></td></tr>
<tr><td><address> </address></td><td>著者の署名</td><td></td></tr>
<tr><td colspan="3" style="display:none"></td></tr>
<tr><td rowspan="3">リスト
（箇条書き）</td><td><ul>
<li> 項目 </li>
</ul></td><td>順序のないリスト（Unordered List）。リスト全体を <ul> と </ul> で囲み，リスト内の各項目は <li> と </li> で囲む。リストの前後に空白間隔が入り，各項目が字下げされる</td><td>・type = disc | circle | square*
項目につく記号（塗った丸，四角，円）</td></tr>
<tr><td><ol>
<li> 項目 </li>
</ol></td><td>順序のあるリスト（Ordered List）
リスト項目全体を <ol> と </ol> で囲み，リスト内項目を <li> と </li> で囲む
項目の順に応じた数字あるいは英字がつく</td><td>・type = 1 | a | A | i | I*
項目につく番号あるいは文字，1 はアラビア数字，a,A は英小大文字，i,I はギリシャ数字の小大文字
・start = 数字*
リスト先頭番号（文字の場合は a からの位置）</td></tr>
<tr><td><dl>
<dt> 定義 </dt>
<dd> 説明 </dd>
</dl></td><td>定義とその説明を並べるリスト（Definition List）
定義は <dt> と </dt> で，説明は <dd> と </dd> で囲み，リスト全体は <dl> と </dl> で囲む</td><td></td></tr>
<tr><td>画像</td><td><img></td><td>画像データを表示する
align 属性の値を left とすると画像に続く要素が画像の右側に回り込む（right の場合は画像が右にくる）
回り込みを解除するには，<br style = "clear:both"> のようにスタイルシートの clear 属性を使う</td><td>・src = ファイル名あるいはパス名
画像ファイルの場所と名前
・alt= 文章
画像の説明（代替文字列）
・width = ピクセル数 | パーセント
画像の幅
・height= ピクセル数 | パーセント
画像の高さ
・align = left | right*
画像と次の要素との位置関係
・hspace = ピクセル数，左右の空白*
・vspace = ピクセル数，上下の空白*</td></tr>
<tr><td>リンク</td><td><a> </a></td><td>リンク元になる文字列あるいは画像を <a>....</a> で囲む</td><td>・src = ファイル名あるいはパス名，リンク先</td></tr>
</table>